高等教育新工科信息技术课程系列教材

C语言程序设计基础
实验教程

C YUYAN CHENGXU SHEJI JICHU SHIYAN JIAOCHENG

葛方振　洪留荣◎主编

中国铁道出版社有限公司
CHINA RAILWAY PUBLISHING HOUSE CO., LTD.

内 容 简 介

本书是与《C语言程序设计基础》（葛方振、洪留荣主编，中国铁道出版社有限公司出版）相配套的辅助教材。全书提供 12 个实验，内容覆盖 C 语言程序设计所有章节的重要知识，每个实验由实验学时、实验目的、预习要求、实验内容、实验注意事项、思考题六部分组成，指导学生通过实验编程逐步掌握 C 语言解决问题的方法和手段，实验还给出了部分参考代码和思考题，有助于提升工科大学生解决实际问题的能力。

本书内容丰富，突出重点概念和使用技巧，实用性强，适合作为高等院校各专业的教材，也可供从事计算机软件开发和应用的人员自学和参考。

图书在版编目（CIP）数据

C 语言程序设计基础实验教程 / 葛方振，洪留荣主编 .—北京：
中国铁道出版社有限公司，2022.12
高等教育新工科信息技术课程系列教材
ISBN 978-7-113-29726-8

Ⅰ.① C… Ⅱ.①葛… ②洪… Ⅲ.① C 语言 - 程序设计 - 高等
学校 - 教材 Ⅳ.① TP312.8

中国版本图书馆 CIP 数据核字（2022）第 188119 号

书　　名：C 语言程序设计基础实验教程
作　　者：葛方振　洪留荣

策　　划：刘梦珂　汪　敏　　　　　　　　　编辑部电话：（010）51873628
责任编辑：汪　敏　包　宁
封面设计：刘　颖
责任校对：安海燕
责任印制：樊启鹏

出版发行：中国铁道出版社有限公司（100054，北京市西城区右安门西街 8 号）
网　　址：http://www.tdpress.com/51eds/
印　　刷：河北宝昌佳彩印刷有限公司
版　　次：2022 年 12 月第 1 版　2022 年 12 月第 1 次印刷
开　　本：787 mm×1 092 mm　1/16　印张：6.75　字数：136 千
书　　号：ISBN 978-7-113-29726-8
定　　价：25.00 元

高等教育新工科信息技术课程系列教材
编审委员会

徐　勇　　　安徽财经大学

姚光顺　　　滁州学院

翟玉峰　　　中国铁道出版社有限公司

张继山　　　三联学院

张雪东　　　安徽财经大学

钟志水　　　铜陵学院

周鸣争　　　安徽信息工程学院

序

近年来，教育部积极推进、深化新工科建设，突出强调"交叉融合再出新"，推动现有工科交叉复合、工科与其他学科交叉融合，打造高等教育的新教改、新质量、新体系、新文化。而作为新工科的信息技术课程要快速适应这种教改需求，探索变革现有的信息技术课程体系，在课程改革中促进学科交叉融合，重构教学内容，推进各高校新工科信息技术课程建设，而教材等教学资源的建设是人才培养模式中的重要环节，也是人才培养的重要载体。

目前，国家对教材建设是越来越重视，2020年全国教材建设奖的设立，重在打造一批培根铸魂、启智增慧的精品教材，极大地提升了教材的地位，更是将教材建设推到了教育改革的浪尖潮头。2022年2月发布的《教育部高等教育司关于印发2022年工作要点的通知》中，启动"十四五"普通高等教育本科国家级规划教材建设是教育部的一项重要工作。安徽省高等学校计算机教育研究会和中国铁道出版社有限公司共同策划组织"高等教育新工科信息技术课程新形态一体化系列教材"，并联合一批省内、外专家成立"高等教育新工科信息技术课程系列教材编审委员会"，依托高等学校、相关企事业单位的特色和优势，调动高水平教师、企业专家参与，整合学校、企事业单位的教材与教学资源，充分发挥课程、教材建设在提高人才培养质量中的重要作用，集中力量打造与我国高等教育高质量发展需求相匹配、内容形式创新、教学效果好的教学体系教材。这套教材在组织编写思路上遵循了高校的教育教学理念，包括以下四个方面：

1. 在价值塑造上做到铸魂育人

党的二十大报告指出："教育是国之大计、党之大计。培养什么人、怎样培养人、为谁培养人是教育的根本问题。育人的根本在于立德。"

把握教材建设的政治方向和价值导向，聚集创新素养、工匠精神与家国情怀的养成。把政治认同、国家意识、文化自信、人格养成等思想政治教育导向与各类信息技术课程固有的知识、技能传授有机融合，实现显性与隐性教育的有机结合，促进学生的全面发展。应用马克思主义立场观点方法，提高学生正确认识问题、分析问题和解决问题的能力。强化学生工程伦理教育，培养学生精益求精的大国工匠精神，激发学生科技报国的家国情怀和使命担当。

2. 坚持"学生为中心"和"目标为导向"的理念

新工科建设要求必须树立以学生为中心、目标为导向的理念，并贯穿于人才培养的全过程。这一理念强调学生针对既定的培养目标和未来发展，要求相关教育教学活动均要结合学生的个性特征、兴趣爱好和学习潜力合理设计和开展。相应地，计算机教材的出版也不应再局限于传统的知识传输方式和学科逻辑结构，应将知识成果化的传统理念转换为以学生和学习者为中心、坚持目标导向和问题导向相结合的出版理念。

3. 提供基于教材生命全周期的教学资源服务支持

立足于计算机类教材的生命全周期，从新工科的信息技术课程教学需求出发，策划和管理从立意引领到推广改进的教材产品全流程。将策划前期服务、教材建设中的平台服务、研究以 MOOC+SPOOC 为代表的新的教学模式、建设具有配套的数字化资源，以及利用新技术进行的新媒体融合等所有环节进行一体化设计，提供完整的教学资源链服务。

4. 在教材编写与教学实践上做到高度统一与协同

教材的作者大都是教学与科研并重，更是具有教学研究情怀的教学一线实践者，因此，所设计的教学过程创新教学环境，实践教学改革，能够将教育理念、教学方法糅合在教材中。教材编写组开展了深入研究和多校协同建设，采用更大的样本做教改探索，有效支持了研究的科学性和资源的覆盖面，因而必将被更多的一线教师所接受。

本套教材构建更加注重多元、注重社会和科技发展等带来的影响，以更加开放的心态和步伐不断更新，以高等工程教育理论指导信息技术课程教材的建设和改革，不断适应智能技术和信息技术日新月异的变化，其内容前瞻、体系灵活、资源丰富，是一套符合新工科建设要求的好教材，真正达到新工科的建设目标。

2022 年 10 月

前　言

本书是与《C 语言程序设计基础》（葛方振、洪留荣主编）相配套的辅助教材。上机实验是 C 语言课程教学的一个重要环节。学生通过做一定数量的上机实验，培养动手实践能力。本实验指导书采用 Dev C++ 实验环境，强调程序调试方法，注重理解 C 语言程序运行过程以及 C 语言的语法规则，为后续的课程设计和计算机等级考试等奠定基础。

本书的特点：内容层次清晰，由浅入深，循序渐进，有较强的可读性和可操作性；强调 C 语言程序设计的实践教学，在编写过程中，注重实验教学内容的系统性和完整性，考虑各个知识点的联系、渗透，着重强调夯实学生基础理论、基本思维方法，提升复杂问题求解能力。

本实验教程通过大量的实例，循序渐进地引导学生做好各章的实验。根据教材内容，共选编 12 个实验。每个实验内容结构包括 6 部分：实验学时、实验目的、预习要求、实验内容、实验注意事项、思考题。其中思考题属于扩展应用部分，学生可以根据自己的学习情况选择完成。另外，书中每一个实验所列学时均为建议学时数。

作者建议：在实验之前，学生做好实验预习；实验中，学生准备好相关代码，实验课中以调试和讨论为主，根据实验指导中的内容进行验证与总结；实验结束后，及时提交实验报告，报告具体内容可根据实验内容和实验要求进行增删。实验报告一般要求包含实验题目、设计思路或算法分析、程序源代码、程序运行结果及分析、存在的问题。

本书由葛方振、洪留荣主编，张鹏飞参加程序调试工作。

本书得到安徽省高等学校省级质量工程项目"一流（品牌）专业计算机科学与技术"（编号：2018ylzy022）、"计算机类一流本科人才示范引领基地"（编号：2019rcsfjd044）、"计算机应用教学团队"（编号：2021jxtd256）、校级质量工程团队建设（编号：03109851）资助。

由于时间仓促和编者水平有限，书中难免存在一些不妥之处，请读者批评指正。

编　者

2022 年 3 月

目　录

实验一 C 程序的运行环境和简单 C 源程序的调试

一、实验学时

2 学时。

二、实验目的

➢ 掌握在 Dev C++ 环境中如何编辑、编译和运行 C 源程序；

➢ 掌握 C 语言的各种数据类型以及整型、字符型、实型变量的定义；

➢ 掌握 C 语言中有关算术运算符及表达式的使用。

三、预习要求

（1）熟悉 C 程序的书写规则、上机调试步骤；（2）熟悉 C 语言的数据类型；（3）熟悉 C 语言表达式的构成、运算规则等内容。

（一）Dev C++ 集成开发环境简介。

Dev C++ 是一款开源的免费 C/C++ 集成开发环境（Integrated Development Environment，IDE），内嵌 GCC 编译器（GCC 编译器的 Windows 移植版），是 NOI、NOIP 等比赛的指定工具。Dev C++ 的优点是体积小（只有几十兆字节）、安装卸载方便、学习成本低，缺点是调试功能弱。由于这些年 C++ 语言程序的普及，Dev C++ 集成开发环境依靠强大功能得到广泛应用，Dev C++ 不仅可以完成 C 语言的编译，也可以完成 C++ 语言的编译。

Dev C++ 也有多种版本，本书使用比较普及的 Dev C++ 5.11 集成开发环境。本书讲述在 Windows 操作系统下的 Dev C++ 实验，以降低初学者的学习难度。

（二）Dev C++ 集成开发环境安装。

Dev C++ 中文版集成开发环境的安装比较简单，具体过程在主教材中已经有详细说明，这里不再赘述。同时注意：在菜单栏中选择 Tools → Compiler options 命令，在弹出对话框的 General 选项卡中勾选 Add the following commands when calling the compiler 复选框，并在其下的文本框中输入：-std=c11，这表示编译器适用 c11 标准。

四、实验内容

（一）创建一个新的文件夹。

为了方便管理自己的 C 语言程序，在启动 Dev C++ 集成开发环境前，首先在 E 盘创建一个新的文件夹（如 E:\C_program），以便存放 C 语言程序。

（二）启动 Dev C++ 集成开发环境。

1. 新建源文件。

打开 Dev C++，在菜单栏中选择 File → New → Source File 命令（见图 1-1），会新建一个空白的源文件，如图 1-2 所示。

图 1-1　选择 Source File 命令

图 1-2　新建空白源文件

也可直接按【Ctrl+N】组合键，出现图 1-2 所示界面。

在空间文件区中即可输入代码，如图 1-3 所示。

注意到名称 [*]Untitled1 前面的 *，它表示这个文件还没有保存，在菜单栏中选择 File → Save As 命令或者按【Ctrl+S】组合键，进行保存，如图 1-4 所示。

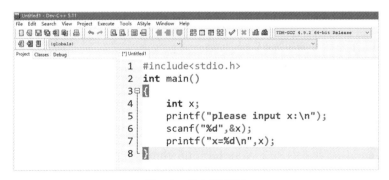

图 1-3　输入源代码

图 1-4　保存文件

　　然后在"文件名"文件框中把 Untitled1 改成自己的文件名。比如，这里改成 ex1，单击"保存"按钮。

　　2. 生成可执行程序。

　　在菜单栏中选择 Execute → compile 命令（见图 1-5），就可以完成 ex1.c 源文件的编译工作。或者直接按【F9】键也可以完成编译工作。如果源代码没有错误，则下方的 Compile log（编译日志）区域显示 0 个错误和 0 个警告错误，如图 1-6 所示。

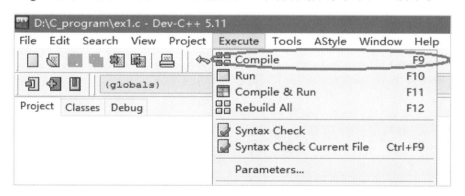

图 1-5　编译文件示意图

　　编译完成后，打开源文件所在的目录（此处为 E:\c_program\），会看到多了一个名为 ex1.exe 的文件，这就是最终生成的可执行文件。

　　因为 Dev C++ 将编译和连接两个步骤合并了，将它们统称为"编译"，并且在连接完成后删除了目标文件，所以看不到目标文件。这个目标文件在其他一些集成开发环境中是存在的（如 Visual Stdio 系列）。

图 1-6　编译日志区

双击 ex1.exe 或者在菜单栏中选择 Execute → Run 命令运行代码。程序运行结束后，运行窗口会立即消失，这是因为程序运行结束时窗口会自动关闭。

有两种方法可以解决这个问题，一个是在 main() 函数的函数体最后加上一条语句：system("pause");，添加该语句时，要在代码开始加入 #include "stdlib.h"。另一个是输入源代码结束后，不再执行编译和运行两步，直接在菜单栏中选择 Execute → Compile & Run 命令，如图 1-7 所示。

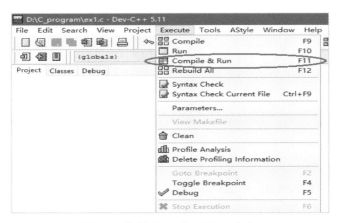

图 1-7　选择 Compile & Run 命令

根据以上步骤，重新建立文件，如果代码区中有源文件，可在菜单栏中选择 File → Close All 命令。分别输入以下实例代码，进行编译运行，并截取程序结果图复制并保存到 Word 文档中。

（1）程序代码 1：源文件名 "ex1_ 你的学号后四位 .c"。

```
/*
作者：读者填写
功能：读者填写
日期：读者填写
*/
#include "stdio.h"
int main(void)
{
    printf("  *\n");
    printf(" ***\n");
    printf("*****\n");
    return 0;
}
```

进行编译运行，输出结果如图 1-8 所示。

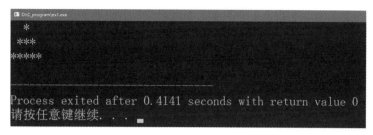

图 1-8　程序运行结果

（2）程序代码 2：源文件名 "ex2_ 你的学号后四位 .c"。

```c
/*
作者：读者填写
功能：读者填写
日期：读者填写
*/
#include "stdio.h"
int main(void)
{
    int c,a=3,b=5;
    c=a+b;
    printf("a=%d,b=%d,c=%d\n",a,b,c);
    return 0;
}
```

如果要打开已有的文件，如 ex1.c 文件，在菜单栏中选择 File → Open 命令，找到文件所在目录，选择要打开的 .c 文件，如图 1-9 所示。

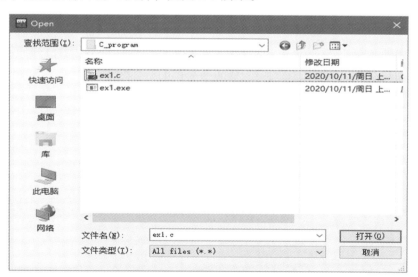

图 1-9　打开已有的文件

（3）程序代码 3：源文件名 "ex3_ 你的学号后四位 .c"。

```
/*
作者：读者填写
功能：读者填写
日期：读者填写
*/
#include "stdio.h"
int main(void)
{
    int a=20;
    printf("%d,%6d,%-6d\n",a,a,a);
    printf("%d,%o,%x,%u\n",a,a,a,a);
    return 0;
}
```

注意观察两个 printf() 函数输出结果有何不同，并解释原因。

（4）程序代码 4：源文件名"ex4_ 你的学号后四位 .c"。

```
/*
作者：读者填写
功能：读者填写
日期：读者填写
*/
#include "stdio.h"
int main(void)
{
    int num=32767;
    printf("num =%d\t", num);
    printf("num =%u\t", num);
    return 0;
}
```

将程序中的 num 改为 num =-7，并再次运行程序，观察结果，并解释原因。

（5）程序代码 5：源文件名"ex5_ 你的学号后四位 .c"。

```
/*
作者：读者填写
功能：读者填写
日期：读者填写
*/
#include "stdio.h"
int main(void)
{
    char c1=97,c2=98;
    int a=97,b=98;
    printf("%3c,%3c\n",c1,c2);
    printf("%d,%d\n",c1,c2);
    printf("\n%c,%c\n",a,b);
    printf("\n%c\n",a-32);
```

```
        return 0;
    }
```

观察程序运行结果，掌握 int 与 char 类型数据的互通性，并注意 printf("\n%c\n", a-32); 的结果。

（6）程序代码 6：源文件名 "ex6_ 你的学号后四位 .c"。

```
/*
作者：读者填写
功能：读者填写
日期：读者填写
*/
#include "stdio.h"
int main(void)
{
    int a,b;
    a=2;
    b=1%a;
    printf("%d\n",1/a);
    printf("b=%d\n",b);
    printf("%f %f\n",(float)(1/a),(float)b);
    return 0;
}
```

观察程序运行结果，从中掌握类型转换运算符的使用。printf("%d\n",1/a); 执行的结果是什么，为什么？

（7）程序代码 7：源文件名 "ex7_ 你的学号后四位 .c"。

```
/*
作者：读者填写
功能：读者填写
日期：读者填写
*/
#include "stdio.h"
int main(void)
{
    int i,j;
    i=5; j=6;
    printf("%d,%d\n",i++,++j);
    printf("%d,%d\n",i,j);
    int x;
    x=j++;
    printf("%d,%d\n",x,j);
    return 0;
}
```

观察程序运行结果，从中掌握自加自减运算符的使用。分别解释各输出结果的原因，其中，语句 x=j++；产生了哪些副作用？

（8）程序代码 8：源文件名 "ex8_ 你的学号后四位 .c"。

```
/*
作者：读者填写
功能：读者填写
日期：读者填写
*/
#include "stdio.h"
int main(void)
{
    int a,b;
    a=20;
    a-=a*a;
    printf("a=%d\n",a);
    b=(a*3*5,a*4,a+5);
    printf("a=%d,b=%d\n",a,b);
    return 0;
}
```

观察程序运行结果，从中掌握复合赋值运算符、逗号运算符的使用。并解释各输出结果的原因。

（9）程序代码 9：源文件名 "ex9_ 你的学号后四位 .c"。计算输出当 x=2.5,a=7,y=4.7 时，表达式 x+a%3*(int)(x+y)%2/4 的运算结果 z 的值。

```
/*
作者：读者填写
功能：读者填写
日期：读者填写
*/
#include "stdio.h"
int main(void)
{
    _____ a=7;     // 补充完成
    float x=2.5f,y=4.7f,z;
    z=x+a%3*(int)(x+y)%2/4;
    printf("z=%f\n",z);
    _Bool bl;
    bl=4.5;
    printf("bl=%d\n",bl);
    return 0;
}
```

程序不完整，请删除横线后填空并运行程序。解释表达式 x+a%3*(int)(x+y)%2/4 的计算过程，并说明表达式在执行过程中，数据类型是怎样变换的。

（三）Dev C++ 中的调试。

代码的调试是编写程序中的重要过程，其主要目的是使读者看见代码执行的具体过程和中间结果，方便找到代码执行过程中的中间信息，对于初学者，这是提高编程思维的重要过程。在 Dev C++ 中对代码进行调试，编写代码的过程为：

1. 新建工程。

在菜单栏中选择 File → New → Project 命令，弹出 New Project 对话框，如图 1-10 所示。

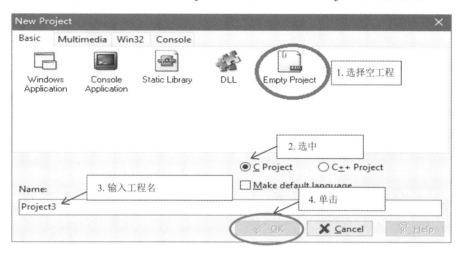

图 1-10　新建工程步骤示意图

在随后弹出的保存对话框中保存工程名，扩展名此时不是 .c，而是 .dev，选择相应保存目录。然后随后打开的界面见图 1-3，输入代码后保存为 .c 文件。

2. 开启调试模式。

在菜单栏中选择 Tools → Compiler Options 命令，弹出 Compiler Options 对话框，选择 Settings → Linker 选项卡，将 Generate debugging information 选项设置为 Yes，如图 1-11 所示。

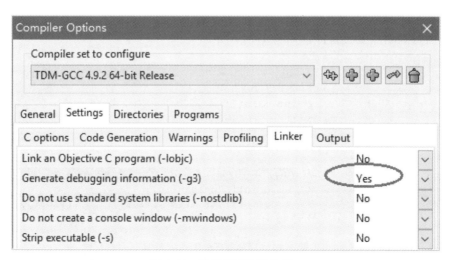

图 1-11　设置调试信息为 Yes

3. 调试代码。

如果想要程序执行到某处暂停执行，只需要在执行之前添加断点（单击行的最左边，出现红色√），如图 1-12 所示。

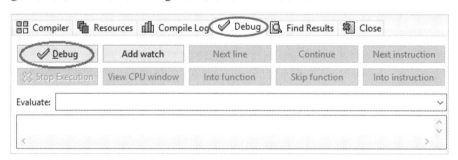

图 1-12　在"7"处单击

这个位置称为断点（如果要取消它，只需在此处再单击一次）。在 Dev C++ 的菜单栏中选择 Execute → Debug 命令，程序执行到断点处暂停。或者在 Dev C++ 界面下方选择 Debug 选项卡，然后单击 Debug 按钮，如图 1-13 所示。

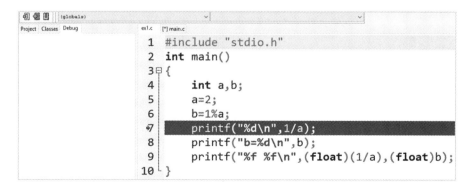

图 1-13　单击 Debug 按钮

程序运行到断点处会暂停，如图 1-14 所示。

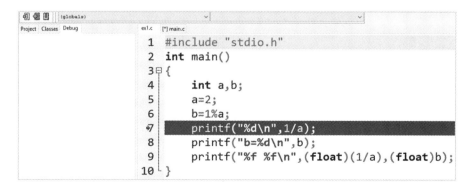

图 1-14　程序运行到断点处暂停

如果这些步骤执行完成后，不能在断点处停止并出现蓝色条，可能是系统的问题，可选择 Debug 选项卡，找到 Send command to GDB，在其右侧的文本框中输入 r（见图 1-15），然后按【Enter】键。

图 1-15　找到 Send Command to GDB，并输入 r

4. 添加要查看的变量。

调试中，经常出现结果与要求不符，此时，编程人员通常要查看程序运行到此处时一些变量的值，比如要查看此时变量 a、b 的值，一种简单的方法是，把鼠标指针移到相应变量上面，则系统可自动显示该变量的值。另外一种方法是添加变量，可在图 1-13 所示界面中单击 Add watch 按钮，出现图 1-16 所示对话框。比如填入变量 a，按【Enter】键。

此时可以看到窗口左侧显示此时变量a的值。表明程序执行到这条语句时,a的值为2,如图 1-17 所示。

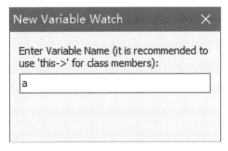

图 1-16　加入要查看的变量名

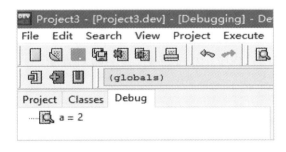

图 1-17　要查看的变量值

可重复该步骤查看更多的变量。

单击图 1-13 中的 Next line 按钮,程序继续运行下一条代码;如果单击 Continue 按钮,程序继续运行，直到下一个设置的断点处暂停，如果没有下一个断点，则结束。在这个过程中，变量的值会根据自身值的变化随时更新。

结束调试时，可单击图 1-13 中的 Stop Execution 按钮。

5. 编译出现错误时的更改。

当代码出现错误时，进行编译运行会提示错误，可以双击所提示的错误，系统会自动跳到代码的错误处，此时，可以进行代码更改，如图 1-18 所示。

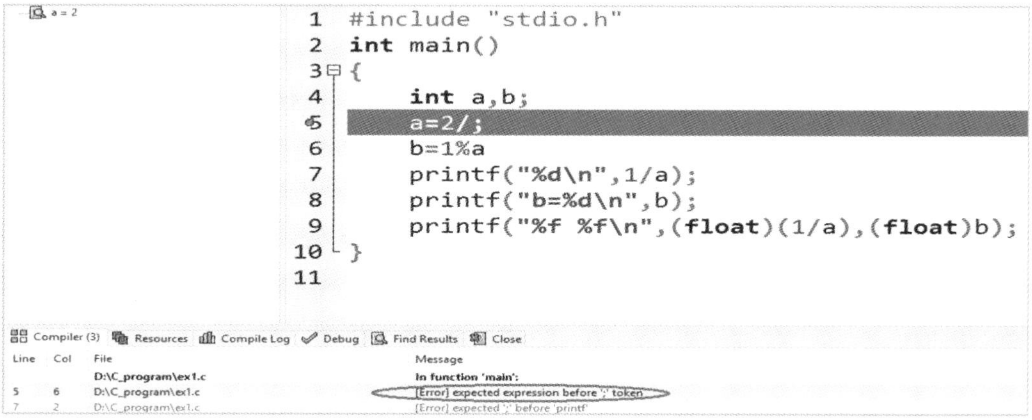

图 1-18　调试时，找到代码中的错误处

此代码出现了两处错误，双击第一个指定的错误处，会跳到第 5 行代码处。可以利用该方法找出代码中的所有错误。

Dev C++ 提供了一些快捷键，即直接按这些键，也可以实现相应的功能。

【F5】：开始调试。

【F7】：单步调试（运行下一步，相当于单击图 1-13 中的 Next line 按钮）。

【F8】：单步进入函数调试。

【F9】：停止调试。

五、实验注意事项

（一）由于 C 程序运行必须从 main() 函数开始，因此一个 C 程序要有一个 main() 函数，且只能有一个 main() 函数。当一个程序运行结束之后，在菜单栏中选择 File → Close All 命令关闭该程序，然后创建一个新的 C 程序。

（二）在程序输入过程中：

（1）要注意区分大小写。

（2）程序中需要空格的地方一定要有空格（如 int a=3,b=5; 中的 int 和 a 之间必须有空格）。

（3）注意 "\" 与 "/" 的区别。

（4）所定义变量的类型与输入的数据类型要一致，输出时的格式一定要满足数据的大小。

（5）当运算对象均为整数时"/"运算符的使用，"%"运算符两边一定是整型数据，整数与整数相除一定为整数。

（6）自加和自减运算符的运算规则，仔细分析实验内容中程序的输出结果，并注意副作用。

六、思考题

（1）有如下程序：

```
#include "stdio.h"
int main(void)
{
    int a=-5;
    printf("%d,%o,%x,%u\n",a,a,a,a);
    return 0;
}
```

printf 语句的运行结果是 _____ 。

（2）有如下程序：

```
#include "stdio.h"
int main(void)
{
    char c1='A',c2=98; int a=97,b=98;
    printf("%3c ,%3c\n",c1,c2);
    printf("%d,%d\n",c1,c2);
    printf("%c %c\n",a,b);
    return 0;
}
```

最后一个 printf 语句的运行结果是 _____ 。（自己输入代码，调试运行）

数据类型、运算符和表达式

一、实验学时

2 学时。

二、实验目的

➤ 了解 C 语言数据类型的意义，掌握基本数据类型变量的特点和定义方法；

➤ 学会使用 C 的算术运算符，以及包含这些运算符的算术表达式；

➤ 掌握自加（++）和自减（--）运算符的使用、关系表达式、逻辑表达式以及条件表达式的运算；

➤ 进一步熟悉 C 程序的编辑、编译、连接和运行的过程。

三、预习要求

（1）数据的基本类型以及派生类型，重点复习数据基本类型。

（2）数据基本类型（包括 char 型、int 型、double 型及其扩展类型）的存储格式。

（3）算术运算符、关系运算符、逻辑运算符、表达式的概念、关系表达式、逻辑表达式、条件表达式的运算规则。

（4）副作用与顺序点。了解教材中列出的 9 个顺序点，并掌握前 5 个顺序点的使用。

四、实验内容

（以下内容在实验报告中的实验预习报告内容中完成。）

（一）调试程序，分析输出结果。

（1）输入并运行以下程序。

```
#include <stdio.h>
int main(void)
{
    float a,b;
    a=123.123e5f;
    b=a+20;
    printf("a=%f,b=%f\n",a,b);
    return 0;
}
```

将第 4 行改为：

```
double a,b;
```

重新运行该程序，分析运行结果。注意不同类型输出时的格式符要求。

说明：由于实型变量的值是用有限的存储单元存储的，因此其有效数字的位数是有限的。float 型变量最多只能保证 7 位有效数字。

（2）输入并运行以下程序。

```
#include <stdio.h>
int main(void)
{
    char c1=0,c2=0;
    c1=97;
    c2=98;
    printf("%c %c\n",c1,c2);
    printf("%c %c\n",c1+4,c2+4);
    return 0;
}
```

现将第 4 行改为：int c1,c2; 再运行。

再将第 5、6 行改为：c1=300;c2=400; 再运行，分析运行结果。

说明：字符型数据可作为 int 型数据处理，int 型数据也可以作为字符型数据处理，但应注意字符数据只占 1 字节，它只能存放 256 个不同的整数（能存放的整数范围见主教材）。而 int 型数据在 Dev C++ 所用编译器中占 4 字节，并且它们之间的赋值有字节的增减。具体见主教材 2.9.2 节内容。

（二）完成以下填空，并调通程序，写出运行结果。

下面的程序计算由键盘输入的任意两个整数的平均值：

```
#include <stdio.h>
int main(void)
{
    int a,b；
```

```
scanf("%d%d",&a,&b);                        // 等待用户输入数据

/* 在这里加入 avg 变量的定义，且写出计算 avg 的语句 */
printf("The average is :%f ",avg);          // 注意这时的格式符是 %f
return 0;
}
```

编译运行后，在 DOS 窗口中输入两个整数，中间一定要用空格隔开，然后按【Enter】键。

（三）指出以下程序的错误并改正，上机调试程序。

```
#include <stdio.h>
int main(void)
{
    int a;
    a=5;
    printf("a=%d", a)
    return 0;
}
```

（四）编写程序并上机运行。

（1）要将 "China" 译成密码，译码规律是：用原来字母后面的第 3 个字母代替原来的字母。例如，字母 "a" 后面第 4 个字母是 "e"，用 "e" 代替 "a"。因此，"China" 应译为 "Fklqd"。编写程序，用赋初值的方法使 c1、c2、c3、c4、c5 五个变量的值分别为 'C'、'h'、'i'、'n'、'a'，经过运算，使 c1、c2、c3、c4、c5 分别变为 'F'、'k'、'l'、'q'、'd'，并输出。输入程序，并运行该程序，分析是否符合要求。

（2）在程序中，定义一个复数变量和一个布尔变量，赋值后输出。

（3）输入两个变量的值（类型自己定义），用 scanf() 函数赋值，用条件表达式求出它们中的最大值，把该最大值赋给另一个定义的变量，并输出。

（五）编写程序，输出下面表达式的值。给出结果的理由。

（1）int a=1,b=2,c=3; 表达式 1：a<b<c   表达式 2：a<b && a<c   表达式 3：b=(a>b?c:(c=5)) 表达式 4：a+1!=b   表达式 5：!(!a+b)

（2）short a=4,b=3;   表达式 1：!a+b   表达式 2：!(a+b)   表达式 3：a && b

（3）unsigned count=0; double num=1.1; _Bool x=0   表达式 1：count && 1   表达式 2：count || 1   表达式 3：++count+(4 || 5)   表达式 4：x=(++num+3)   表达式 5：x=!num。这些表达式中，哪些表达式在计算值的过程中产生了副作用？

（4）下列表达式的值分别是什么：表达式 1：2,3,4,5   表达式 2：a=b=4*6。

（5）有定义 int a=4,b=3,c=9;，表达式 a=1+a>b?c:c+b 的值是什么？执行完整个表达式后，a 的值是什么？表达式 a>b++?b+12:a 的值是什么？

（6）表达式 f=(3.0,4.0,5.0),(2.0,1.0,0.0) 计算完成后，整个表达式的值是多少，变量 f 的值是多少？

（7）有定义 int a=12,b=5;，则 a+a/b 的值是多少？有定义 char a='A';int b=10; 则表达式 a/b 的值是多少？有定义 char a='A'; int b=10; 则表达式 a*1.0f/b 的值是多少？

（8）如果要把数学表达式 $\dfrac{x-2y}{xy-5x}$ 写成 C 语言的表达式来计算，表达式是什么？

（9）华氏温度 F 与摄氏温度 c 的转换公式为：$c=\dfrac{5}{9}(F-32)$，在 C 语言中，如果定义 float c,F; 则 c=5/9*(F-32) 是其对应的 C 语言表达式吗？如果不是，为什么？

（10）写出以下程序的运行结果，并思考程序在执行过程中共产生了哪些副作用。

```
#include <stdio.h>
int main(void)
{
    int i,j,m,n;
    i=8;
    j=10;
    m=++i;
    n=j++;
    printf("%d,%d,%d,%d\n",i,j,m,n);
    return 0;
}
```

五、实验注意事项

（1）char 类型的常量要用 ' ' 引起来，字符串常量用 " " 引起来；如果是转义字符，一个字符的字面量数据不止一个；字符串存放空间的字节数要比字符的个数多 1。

（2）表达式最终必有一个值；赋值表达式的值就是其左值；逗号表达式的值为其最后一个子表达式的值；单一一个变量也看成是一个表达式，其值为该变量的值。

（3）不要写成顺序点不确定的表达式，如 (i++)+(i++)。因为这样的表达式在不同编译器下生成的程序执行结果可能不一样。

（4）条件表达式中第一个子表达式要以其值为非 0 或 0 作出判断，非 0 时整个表达式的值为第二个表达式的值，否则为第三个表达式的值；第二和第三个表达式在整个条件表达式中只处理一个；如果第二个表达式省略，则默认值为 1；第一个条件表达式中如果有副作用，在？之前必须处理完毕。

（5）在 && 运算中，如果确定了一个表达式的值为 0，则不处理另一个表达式；在 || 运算中，如果确定了一个表达式的值为非 0，则不处理另一个表达式。

六、思考题

（1）总结各种 int 型、short 型和 unsigned 型变量的区别。

（2）简述 double 型和 float 型的区别。

（3）简述自加、自减运算符与副作用。

选择结构程序设计

一、实验学时

2 学时。

二、实验目的

➤ 理解并掌握 C 语言关系表达式和逻辑表达式的运算和使用；

➤ 掌握使用 if 语句、if-else 语句和 switch 语句进行选择结构程序设计。

三、预习要求

（1）布尔变量、关系运算符和关系表达式、逻辑运算符和逻辑表达式；

（2）if 语句和 if-else 语句以及它们的嵌套应用规则；

（3）switch 语句的语法结构、运行规则以及特殊形式的应用。

四、实验内容

（一）阅读并分析下面程序，理解关系及逻辑表达式的运算规则。了解 if 语句中 () 内表达式的值对程序运行的影响。if 语句 () 中的表达式值为非 0，执行 if 后面的一条语句，否则不执行这条语句。如果非 0 时，要执行多条语句，则需要用 {} 把这些语句括起来形成一条复合语句。if-else 语句的执行规则参见主教材。

```
#/* ex3=1_ 你的学号 .c */
#include "stdio.h"
int main(void)
{
    char a=3,b=5,c=8;
    if(a++<3 && c--!=0)
    b=b+1;
    printf("a=%d\tb=%d\tc=%d\n",a,b,c);
    return 0;
}
```

注意该程序代码中的表达式 a++<3 && c--!=0 是一个逻辑表达式，关系表达式 a++<3 的值为假，因此后一部分 c--!=0 就不再计算。

修改表达式 a++<3 && c--!=0 为：c--!=0 && a++<3，再次运行上述代码，结果是什么？说明理由。

（二）完善程序，从键盘上输入 x 的值，按下式计算 y 的值（x、y 是小数）。

$$y=\begin{cases} x & x \leqslant 1 \\ \sqrt{2}x & 1<x<8 \\ \dfrac{x}{2} & x \geqslant 8 \end{cases}$$

编程提示：注意逻辑表达式的正确表达方法，数学中的 $1<x<8$ 应使用 C 语言的逻辑表达式（x>1 && x<8）来表示。在 C 语言代码中，如果数学中的 $1<x<8$ 也写成代码 $1<x<8$，则不管 x 取什么值，表达式 $1<x<8$ 的值都是 1。

下面的代码应用 if-else 语句的嵌套结构实现上述计算问题，在需要的地方填写代码，并调试运行。if-else 语句 () 中的表达式值为非 0，执行 if 后面的一条语句，执行完成后整个 if-else 语句结束；如果为 0 执行 else 后面的一条语句。如果要执行 if 或 else 后面的多条语句，则需要用 {} 把要执行的语句括起来形成一条复合语句。如果 if 或 else 后的语句中还有 if-else 语句或 if 语句，则是 if-else 语句的嵌套。

```
/* c3-2- 你的学号 .c */
#include "stdio.h"
int main(void)
{
    // 先定义变量
    // 用语句输入 x
    if(_____)              // 在横线上加入表达式
        y=x;
    else
    {
        if(_____)          // 在横线上加入表达式
        _____              // 加入代码，按y=√2x计算 y 的值
        else
        _____              // 加入代码，按y=x/2计算 y 的值
    }
    printf("y=%f\n",y);
    return 0;
}
```

注意，在代码中要将数学公式中的 $\dfrac{1}{2}x$ 写成 $\dfrac{1}{2}$ *x，用到根号时，要用 sqrt() 函数，因此，在头文件中要包含 math.h。完成编码后编译运行，并把结果写入实验报告。

在程序代码中，输入不同 x 的值，用单步调试执行程序，仔细观察程序代码执行的过程。

如果不用 if-else 语句，只用 if 语句，如何完成上述程序，请写出代码，编译运行，

并截取实验结果图片。

编写程序：

（1）用 if-else 语句编写程序：输入一个 float 型数据 x，如果这个值为 0，则输出 "yes"，否则输出 "No"。要求 if() 中不能用关系运算符 >、<、==。

（2）用 if-else 嵌套语句编写程序，计算并输出快运费用。计算的规则如下，小于或等于 1 kg 按 1 kg 算，运费为 15 元，1~10 kg，每多出 1 kg 加 2 元，10~20 kg，每多出 1 kg 加 3 元，多于 20 kg，每多出 1 kg 加 4 元。编写完代码编译正确后，运行至少 3 次，每次分别输入不同的物体质量，看计算结果，并截取全部实验图片。

（三）输入下面两段程序并运行，掌握 switch 语句的基本执行规则以及 break 语句的基本作用。

```
/* c3-2-1.c */
/* 含 break 的 switch */
#include "stdio.h"
int main(void)
{
    int a,m=0,n=0,k=0;
    scanf("%d",&a);
    switch(a)
    {
        case 1: m++;  break;
        case 2:
        case 3: n++;  break;
        case 4:
        case 5: k++;
    }
    printf("%d,%d,%d\n",m,n,k);
    return 0;
}
```

```
/* c3-2-2.c */
/* 不含 break 的 switch */
#include "stdio.h"
int main(void)
{
    int a,m=0,n=0,k=0;
    scanf("%d",&a);
    switch(a)
    {
        case 1: m++;
        case 2:
        case 3: n++;
        case 4:
        case 5: k++;
    }
    printf("%d,%d,%d\n",m,n,k);
    return 0;
}
```

分别通过键盘输入 1、3、5，写出程序运行结果。

（四）编写程序，输入一个百分制的成绩（float 型），要求输出相应的等级 A、B、C、D、E。90 分以上为 'A'，80 ~ 89 分为 'B'，70 ~ 79 分为 'C'，60 ~ 69 分为 'D'，60 分以下为 'E'。

编程提示：

（1）定义一个变量存放百分制成绩。

（2）输入百分制成绩，然后定义一个 int 型变量，把输入的成绩强制转换为 int 型；比如输入成绩的变量是 score，定义的 int 型变量为 x，则用语句 x=(int)score; 把 float 型转换成 int 型。

（3）将百分制成绩（int 型）按 10 分，分档作为 switch 语句中括号内的表达式；在分档之前，要用 if 语句把输入大于 100 或小于 0 的值去除，即：

```
if(score>100 || score<0)
{
    printf(" 成绩不在 0 到 100 之间 ");
    return 0;
}
```

（4）分档：case 10：

case 9：

case 8：

case 7：

case 6：

default：

这六种匹配情况分别选择不同的入口；注意在相应的位置加入 break;。

（5）输出相应的等级。

（五）阅读程序，如果从键盘上分别输入 20,15 和 15,20,运行结果是什么，并进行检验。

```
/* ex3-5- 你的学号 .c */
#include "stdio.h"
int main(void)
{
    int a,b,t;
    t=0;
    scanf("%d,%d",&a,&b);
    if(a>b)
    {
        t=a;
        a=b;
        b=t;
    }
    printf("a=%d,b=%d\n",a,b);
    return 0;
}
```

（六）编写程序，给出一个不多于 3 位的正整数 n，要求：（1）求出它是几位数；
（2）分别输出每一位数字，并在数字后加两个空格；

编程提示：

（1）定义变量（考虑需要几个变量）并输入一个 3 位以下的正整数 n。

（2）求出 n 是几位数：

```
if(n>=100)    则 n 是 3 位数
else
    if(n>=10)    则 n 是 2 位数
    else 则 n 是 1 位数，直接输出这个数。
```

（3）每一位数字的取得：

如果 n 是三位数，则 n/100 就是 n 的百位数上的数字；(n−n/100*100)/10 就是十位上的数字，n%10 就是个位上的数字。根据这个规律可以对 n 是 2 位数的情况进行处理。

思考：如果是对一个 4 位的正整数进行上述处理，程序应如何改动？

（七）表达式 z=(a>=b?a:b) 等价的 if 语句是什么，写一个程序进行验证。

（八）阅读下面的代码，运行时分别输入 0 和其他整数，分析输出的结果。

```c
#include <stdio.h>
int main(void)
{
    int x,y;
    printf("input x and y:\n");
    scanf("%d%d",&x,&y);
    if(x)
        printf("x=%d\n",x);
    if(y)
        printf("y=%d\n",y);
    return 0;
}
```

五、实验注意事项

（1）C 程序中表示比较运算的等号用"=="表示，赋值运算符用"="表示，不能将赋值号"="用于比较运算。在实际中，如果有常量参与 == 的比较，则通常把常量写在左边，这样可以避免一个变量与常量进行 == 比较时，由于把 == 误写成 =，编译不能给出错误的问题。

（2）if 或 if-else 语句中 () 内的表达式是指任何合法的 C 语言表达式，只要表达式的值为"非 0"，则为 true，"0"则为 false。

（3）在 if 语句的嵌套结构中，else 与 if 的配对原则是：每个 else 总是与同一个程序中、在前面出现的而且距它最近的一个尚未配对的 if 构成配对关系。

（4）case 及后面的常量表达式，只是起标号作用。控制表达式的值与某个常量一旦匹配，那么，在执行下面语句的过程中，只要不遇到 break 语句，就一直执行下去，而不再判断是否匹配。允许出现多个 case 与一组语句相对应的情况。

六、思考题

（1）下面程序的功能是实现表达式 z=(x>=y? x : y)，请将程序补充完整。

```
/* 分支结构的程序 */
#include "stdio.h"
int main(void)
{
    int x, y, z;
    printf("Please input x,y:");
    scanf("%d%d", &x, &y);
    if(_____)                    // 在横线上加入代码
        z=x;
    else
        z=y;
    printf("z=%d",z);
    return 0;
}
```

（2）编写一个菜单显示程序，界面如下：

```
-------------------------------------------
                  主 菜 单

        1. 添加记录      2. 显示记录
        3. 读取记录      4. 保存记录
-------------------------------------------
```

　　输入 1、2、3 或 4 可以进行相应的显示，如输入 1，则屏幕上显示"你选择了 1"，输入 2 则显示"你选择了 2"等，当输入 0~4 之外的数据时，显示"选择错误！"。要求使用 switch 语句编程。

循环结构程序设计（一）

一、实验学时

2 学时。

二、实验目的

➢ 掌握用 while、do、for 语句实现循环的方法；

➢ 掌握在设计条件型循环结构程序时，如何正确地设定循环条件，以及如何控制循环次数；

➢ 掌握与循环有关的算法。

三、预习要求

预习教材有关 while、do、for 语句的语法格式，并能通过这三种语句编写、调试单层循环结构的程序。

四、实验内容

（一）分析并运行下面程序段，循环体的执行次数是 _____ 。

```
int a=10,b=0;
do{
    b+=2;
    a-=2+b;
}while(a>=0);
```

并把这个改成 do-while 语句的形式，使两者运行的结果一致。

（二）当执行以下程序段时，循环体执行的次数是多少，并分析原因。

```
x=-1;
do
{
    x=x*x;
} while(!x);
```

注意表达式 !x 值的计算。

（三）编程求 1!+2!+3!+…+10! 的值。

注意：根据题目，考虑所定义的各个变量应该为何种类型。程序结构如下：

```
/* 文件名 ex4-1- 你的学号 .c，求 1!+2!+3!+…+10!*/
#include "stdio.h"
int main(void)
{
    // 添加代码，定义变量 i 作为循环控制变量
    // 添加代码，定义变量 p 和 sum 分别存放各个整数的阶乘和阶乘之和
    // 添加代码，变量 p 和 sum 赋初值 ,p=1,sum=0，根据下面的代码回答为什么
    // 赋这个值
    // 考虑到 (i+1)! 只要在 i! 的结果之上再乘以 i+1，因此，只需要一个循环就可以
    // 实现上述结果
    for (i = 1; i <= 10; i++)
    {
        // 添加代码 p=p*i;，这里每一轮循环后，p 就是 i!；为什么
        // 添加代码，把 p 累加到 sum
    }
    // 添加代码，输出 sum 的值
    return 0;
}
```

根据注释说明的功能，写入相应的代码，执行后输出结果。

（四）编写程序，求出两个数 m 和 n 的最大公约数。

编程提示：求最大公约数的方法常用的有如下三种：

（1）从两个数中较小的数开始向下判断，如果找到一个整数能同时整除 m 和 n，则终止循环，这个数就是 m 和 n 的最大公约数。

```
#include "stdio.h"
int main(void)
{
    //1. 输入 m、n，数据类型为 int
    //2. 得到它们中最小的数，存放在 min 中
    /*3. 定义一个循环变量 i，用循环让 i 每次减 1，直到 1，
    在循环体中，用 i 分别除以 m、n，如果都能整除，则输出 i，并用 break;
    退出循环
    */
}
```

（2）从整数 2 开始向上找，直至 m 和 n 中较小的数，每找到一个能同时被 m 和 n 整除的整数，将其存入一个变量中，当循环结束时，变量中存放的即为最大公约数。如果循环结束后，循环变量的值大于那个较小的数，则最大公约数为 1（为什么？）。设 n 为 m 和 n 中较小的数，则如下程序段可实现：

```
for(k=2;k<=n;k++)
  if(m%k==0 && n%k==0){
    x=k;
    break;
  }
// 用 if 语句判断 k 与 n 的关系。如果 k>n，则 x=1。变量 x 的值即为最大公约数
#include "stdio.h"
int main(void)
{
    /* 加入你的代码 */
}
```

（3）辗转相除法。这种算法将求 m 和 n（要求 m ≥ n）的最大公约数问题转化为求其中的除数和两个数相除所得余数的公约数问题。即先求出 m 除以 n 的余数，然后以除数作为被除数，以余数作为除数，继续进行同样的运算，当余数为 0 时，此时的除数即为 m 和 n 的最大公约数。部分代码如下：

```
b=m%n;                      // 这里 m>n
while(b!=0)                 // 相当于 while(b)
{
    m=n;
    n=b;
    b=m%n;
}
```

执行完成后，n 即为两数的最大公约数。

写出完整的代码，运行并记录结果。

```
#include "stdio.h"
int main(void)
{
    /* 加入你的代码 */
}
```

（五）编写程序，通过键盘输入一行字符，统计其中英文字母、数字、空格和其他字符的个数。

编程提示：先定义一个 char 型变量（如 c），然后定义 4 个 unsigned 变量作为每种字符的计数变量，并赋初值 0。用一个循环，每次从键盘上读入一个字符，在循环体中对读入的字符进行判断，比如，判断此时的 c 是不是数字字符，可写成：if(c>='0' && c<='9')，如果表达式值非 0，则相应的计数器加 1。循环以字符为 '\n' 时结束，这是因为从键盘输入数据时，最后按【Enter】键，所有字符会先放入缓冲区，最后的【Enter】键也会进入缓冲区。注意用 getchar() 函数接收从键盘输入的一个【Enter】键，可得到字符 '\n'。

编程中可使用如下循环结构：

```
while ('\n'!=(c=getchar()))
{
  /* 加入你的代码，用 if-else 嵌套语句 */
}
/* ex4-5- 你的学号.c 通过键盘输入一组字符，用循环语句统计并输出字符 'A' 的个数
*/
#include "stdio.h"
int main(void)
{
    /* 加入你的代码 */
}
```

注意下列问题：

（1）while ('\n'!= (c = getchar())) 中括号的使用，(c=getchar()) 中外层的括号不能省略，原因在哪里？

（2）unsigned 与 int 有何区别？

（3）用 for 语句改写上面的 while 语句，并完成编程。

（六）计算 1~N 之间的奇数之和及偶数之和，并输出。请在程序中的横线上填入适当的内容，将程序补充完整并运行。

```
/*c4-6- 你的学号.c 计算 1~N 之间的奇数之和及偶数之和 */
#include"stdio.h"
int main(void)
{
    int oddsum=0,evensum=0,i,N;     /* 前两个变量分别存放奇数和偶数的和 */
    scanf("%d",&N);
    _____                /* 加入代码，初始化两个存放和值的变量 */
    for(i=1;i<=N;i++)
    {
        /* 加入你的代码计算两个和值 */
    }
    printf("sum of evens is %d\n",evensum);
    printf("sum of odds is %d\n",oddsum);
    return 0;
}
```

（七）所谓水仙花数是指一个 3 位数，其各位数字的立方和等于该数本身。如 $153=1^3+5^3+3^3$。编写程序找出所有水仙花数。

提示：定义一个变量作为循环变量，使其遍历 100~999 之间的每一个数，再定义 3 个变量用于存放一个三位数的每位数字，在循环体中将获取三位数的个位、十位、百位上的数字，判断循环变量的值是否等于这三个数字的立方和（一个数 x 的立方，可以写

成 x*x*x，也可以写成 pow(x,3)，如果用后者，要引入 math.h 头文件，并且注意强制类型转换，因为 pow 返回的结果是 double 类型），如果相等，此数为水仙花数，则输出，如果不相等，进入下一轮循环。程序的基本结构如下。

```
/*c4-7- 你的学号.c 打印出所有"水仙花数"*/
#include "stdio.h"
int main(void)
{
    // 加代码，定义 4 个整型变量；
    for(j=100;j<=999;j++)
    {
        a=j/100;                /* 获取百位上的数字 */
        b=j/10-a*10;            /* 获取十位上的数字 */
        _____;           /* 在横线上加入代码，获取个位上数字 */
        // 在下面加入代码，判断是否为水仙花数，是则输出
    }
    printf("\n");
    return 0;
}
```

（八）不断从键盘上输入学生成绩，当输入负数时表示结束输入，并且此负数不算是有效的成绩数据。输出这些成绩中的最高分和最低分。请将程序补充完整。

提示：首先用 scanf() 函数接收一个成绩 x，并且把该成绩存入最大值和最小值的两个变量中。

然后用一个 while 循环，它的控制表达式为 x>=0，在循环体中，把 x 与最大值和最小值变量比较，如果 x 大于最大值，则把 x 赋给最大值变量，如果 x 小于最小值，则把 x 赋给最小值变量，到此，最大值变量、最小值变量分别是输入和输出数据的最大值和最小值。再用 scanf() 函数接收 x 的值，进入下一轮循环，判断新输入的值是不是最大值和最小值。

为进一步使程序考虑周密，如果执行程序时一开始输入的值 x 就是负数，则表示没有输入成绩，while 循环体语句也就不执行，此时的最大值和最小值就是负数 x，此时应该没有最大值和最小值，因此，要用 if 语句考虑这种情况。

在横线上补充代码。

```
/*ex4-8- 你的学号.c  求最大值最小值程序 */
#include "stdio.h"
int main(void)
{
    float x,maxscore=-1,minscore=-1;        //x 为接收输入值的变量
    scanf("%f",&x);
    maxscore=x;
    minscore=x;
```

```
        while(_____)                    // 在横线上添加代码
        {
            if(x>maxscore)
                maxscore=x;
            if(_____)                    // 在横线上添加代码
                minscore=x;
            scanf("%f",&x);                      // 再次输入 x
        }
        if(minscore>=0 && maxscore>=0)
            printf("\n maxscore =%f,minscore =%f\n",maxscore,minscore);
        else
            printf("\nNo data!\n");
        return 0;
    }
```

上面的代码中，最后的输出用 if-else 语句分情况输出结果，而不直接用 printf("\n maxscore =%f, minscore =%f\n", maxscore, minscore); 输出。

把 if-else 整条语句换成 printf("\n maxscore =%f, minscore=%f\n",maxscore，minscore); 重新编译运行，运行时直接输入一个负数，看一下执行结果。

（九）求两个正整数 m 和 n 之间所有既不能被 3 整除也不能被 5 整除的整数之和。

提示：定义两个变量 m 和 n，再定义一个循环变量 i 和一个存放和值的变量 sum，并赋初值为 0。从键盘输入 m 和 n 的值，因为用户输入的这两个值可能有大有小，为保证循环语句正确，在接收完成 m 和 n 的值后，要保证 m 小于 n。如果 m 大于 n 则交换两个变量的值。这样做保证了下面编写循环语句时，循环变量的起始数据写成 m，结束数据写成 n，且循环变量每次加 1。

用循环依次判断 m 和 n 之间的每一个数，在循环体中通过 if 语句判断该数是否既不能被 3 整除也不能被 5 整除，如果满足条件，累加求和，如果不满足条件，则继续循环。

程序的基本结构如下：

```
/*c4-9.c 按条件求数列和 */
#include "stdio.h"
int main(void)
{
    // 添加代码定义变量
    // 添加代码变量赋初值
    // 添加代码输入 m,n 的值
    if(m>n)                                     // 不满足条件就交换
        //m 和 n 交换；
    for(_____)                           // 在横线上添加代码
        if(i%3!=0 && i%5!=0)
            // 变量 sum 累加求和
    printf("Sum is:%ld\n", sum);
    return 0;
}
```

把上述代码去掉 if 语句，再次在 Dev C++ 中编译代码，分别两次执行代码，但输入 m 和 n 的值时，一次较大值在前，一次较大值在后，看一下两次运行结果的区别。进一步考虑，如果不用 if 语句，要想程序代码对所有不同情况的输入（大数在前或小数在前）都正确，上述代码如何更改？

（十）下面程序的功能是：计算正整数 num 各位上的数字之和。例如，若输入 252，则输出为 9；若输入 202，则输出为 4。请将程序补充完整。

分析：输入一个整数，要求它各位上的数字，可以用一个循环获取。假设整数 num，其个位上的数字为 num%10，十位上的数字为 (num/10)%10，依此类推。对于编程者来说，并不清楚输入的数是几位数，因此，也就不能在代码中一直写类似 ((num/10)%10)...) 的代码，因此，要找到一种可以处理任何位数数据的代码，这就是用循环来处理。

在循环体中，首先把 num%10 的值赋给 k，则 k 就是 num 个位上的数，然后，把 num/10 赋给 num，此时，num 个位上的数字就是原 num 十位上的数字。再次进入循环体，则 k 就得到初始输入数据十位上的数字。这样不断执行循环体，就可以得到不同位上的数字且 num 变量的值不断减小。当 num 最后只有一位数时，num/10 就是 0，因为把它赋给了变量 num，所以 num 的值变成了 0。因此循环的控制表达式可以设定成 num!=0 或者直接写成 num。

```
/*c4-10.c 求整数各位数字和*/
#include"stdio.h"
int main(void)
{
    int num,k;                        /*num 为输入的数，k 存放各位数字的和*/
    _____;                     /* 在横线上添加代码，k 赋初值*/
    printf("\Please enter a number:");
    scanf("%d",&num);
    do
    {
        k=_____;               /* 在横线上添加代码，取最低位并累加*/
        num/=10;                      /* 去掉最低位*/
    } while(num);
    printf("\n%d\n",k);
    return 0;
}
```

五、实验注意事项

（1）while、do、for 语句中应有使循环趋向于结束的语句，否则就可能构成死循环。

（2）while、do 语句什么情况下的运行结果是相同的？什么情况下不同？

（3）注意在循环结构程序设计中，正确使用 {} 构成复合语句。

六、思考题

（1）阅读下面的程序，写出输出结果。并用 while 语句分别写出达到同样输出效果的程序代码。

```
#include <stdio.h>
int main(void)
{
    int x=0;
    for(;x<10;x=x+2)
        printf("%d_",x);
    return 0;
}
```

```
#include <stdio.h>
int main(void)
{
    for(int i=10,j=2;j<=i;i=i-j)
        printf("%d_",i+j);
    return 0;
}
```

（2）计算正整数 num 各位上偶数数字的和。例如，若输入 252，则输出 4；若输入 202，则输出 4。请将程序补充完整。

（3）Fibonacci 数列的前两项为 1，1，以后每项的值是它前两项的和。输出其 20~30 项中，每一项的前一项与该项的商，看是否越来越接近黄金分割比例 0.618。

（4）公式 $\int_0^1 \sqrt{1-x^2}\,\mathrm{d}x$ 可用于求半径为 1 的 1/4 圆面积，考虑到定积分的值可以用求和方式近似求得，试编程求出上述定积分的近似值。

（5）运行如下程序，观察输出的图形与 r 值的关系。如果要使内部的空格与星号间隔少些，可修改哪些值？

```
#include <stdio.h>
#include <math.h>
int main(void)
{
    int r=23,n,h,x,i;
    for(n=0;n<r;n++)
    {
        h=r-n;
        x=n;
        for(i=0;i<=r-x+10;i++)
            printf(" ");
        for(i=0;i<=x;i++)
        {
            if((i+1)%11<5)
                printf("*");
            else
                printf(" ");
        }
        for(i=x-1;i>=0;i--)
        {
            if((i+1)%11<5)
                printf("*");
            else
                printf(" ");
        }
        printf("\n");
    }
```

```
        for(n=r-2;n>=0;n--)
        {
            h=r-n;
            x=n;
            for(i=0;i<=r-x+10;i++)
                printf(" ");
            for(i=0;i<=x;i++)
            {
                if((i+1)%11<5)
                    printf("*");
                else
                    printf(" ");
            }
            for(i=x-1;i>=0;i--)
            {
                if((i+1)%11<5)
                    printf("*");
                else
                    printf(" ");
            }
            printf("\n");
        }
    return 0;
}
```

（6）观察如下程序运行结果。如果没有 srand(time(NULL))；语句，程序运行会有什么变化？上网查看 time() 和 srand() 函数的功能和用法。

```
#include <stdio.h>
#include <stdlib.h>
#include <time.h>
int main(void)
{
    int x,y,z,n=0,score=0;
    srand(time(NULL));
    while(n<10)
    {
        x=rand()%10;
        y=rand()%10;
        printf("%d+%d=?\n",x,y);
        scanf("%d",&z);
        if(z==x+y)
        {
            printf("correct\n");
            score=score+10;
        }
        else
```

```
        printf("wrong,%d+%d=%d\n",x,y,x+y);
    n++;
}
printf("your score is %d\n",score);
if(score>80)
    printf("good job!");
else if(score>60)
    printf("not bad");
else
    printf("are you kidding!");
return 0;
}
```

（7）用 srand(time(NULL)); 作为种子，生成 100 个 50~100 之间的整数，并把它们每 10 个一行输出，观察它们相同数据的情况。观察各数出现的频率是否大致一样？如果生成 100 个 50~60 之间的整数，做同样的操作后观察各数出现的频率规律。

（8）有一个抛物线方程 $y=x^2$，编程求出 $x \in [0,1]$ 时抛物线近似长度。提示：这个长度可以用各短线相加来处理，假如 $x=0.5$，让 x 增加 $\text{delt}x=0.01$，则增加后这一小段的抛物线长度为：$\sqrt{\text{delt}x^2+(x^2+(x+\text{delt}x)^2)^2}$，用一个循环让 x 从 0 开始，每次增加 $\text{delt}x$，直到 x 为 1，并把每一小段抛物线长度加起来就是所要求的结果。调整 $\text{delt}x$ 的值，看是不是结果更加精确。要求用 for 语句、while 语句和 do 语句分别实现。

（9）数学中函数 $f(x)$ 的导数定义为：$f'(x_0) = \lim\limits_{\Delta x \to 0} \dfrac{f(x_0 + \Delta x) - f(x_0)}{\Delta x}$，可以看出 Δx 越接近于 0，$\dfrac{f(x_0 + \Delta x) - f(x_0)}{\Delta x}$ 越接近 $f'(x_0)$。但在工程应用中 $f(x)$ 的表达式很多时候难以直接写出其导数的表达式，于是经常用导数定义直接求其在 x_0 处导数的近似值。用一个循环利用导数的定义求出函数 $f(x) = \sqrt{x+2}$ 分别在 1，1.1，1.2，$\cdots$，2 处的导数近似值，并输出。提示，Δx 可以取相对小的值，比如 0.001 等。要求用 for 语句、while 语句和 do 语句分别实现。

（10）大家知道，C 语言中存放一个小数，其精确到的位数有限，如 double 型数据有效位数为 15~16 位，这还是整个数据的有效位数，小数位还没有这个位数。如果要计算一个数，要求计算出的结果精确到小数点后 100 位，如何做到？比如计算 20.0/7，要求输出其结果，并保留到小数点后 100 位，这可以用一个循环来做，具体思路是，第一步：定义并赋值 int x=20,y=7;；第二步：输出 k=x/y 和一个小数点；第三步：循环执行 x=(x-k*y)*10;k=x/y; 并输出 k。

根据这个算法，循环多少次，就能精确到多少位。请编程实现。

循环结构程序设计（二）

一、实验学时

2 学时。

二、实验目的

➤ 掌握使用 for、while、do 语句实现多重循环的方法，并训练相应思维；

➤ 掌握有关循环嵌套的执行规律；

➤ 掌握 break 语句和 continue 语句的使用。

三、预习要求

预习教材中有关用 for、while、do 语句实现循环嵌套的方法以及循环嵌套的执行过程。

四、实验内容

（一）根据公式：$\text{sum}=1+\dfrac{1}{2!}+\dfrac{1}{3!}+\cdots+\dfrac{1}{n!}$，计算 sum 的值。

注意，在 C 语言中整数除以整数的结果为整数，这里需要求出小数。这个编程题目，首先定义一个变量 sum 存放最后的求和结果，sum 的数据类型应为 double 型或 float 型。定义变量 fac 存放一个整数的阶乘。使用两重循环，程序的基本结构为：

```
for(i=1,sum=0;i<=n;i++)              // 注意 n 的值不能太大
{
    // 加代码，给 fac 赋初值 1
    for(j=1;j<=i;j++)                // 求 i 的阶乘
    // 加代码，求变量 fac 连乘求积
    // 变量 sum 累加 fac 的倒数，这里要注意整数与整数相除结果为整数
}
```

想一想是否可以将 fac=1; 放在外循环之前，为什么？怎样用一个单循环完成上述任务。

（二）编程求 100 ~ 300 之间的素数和。

编程提示：首先，明白素数的概念是本题的关键，素数是只能被 1 和它本身整除的数。判断一个数是否为素数需要使用循环结构实现，求出 100 ~ 300 之间的全部素数要使用循环的嵌套结构。程序结构提示如下：

```
/*c5-3- 你的学号.c 求 100 ~ 300 之间的素数和 */
#include "stdio.h"
int main(void)
{
    // 加代码，定义变量；
    // 加代码，把外层循环变量 i 从 100 递增到 300
    {
        // 标志变量赋 0
        // 内层循环变量从 2 递增到 √i（取整），如果不是素数（能整除），则标志变量赋 1，
跳出内层循环
        // 如果标志变量为 0（是素数），进行求和
    }
    // 输出求和结果
    return 0;
}
```

（三）编程输出以下图形。

```
    *
   ***
  *****
```

编程提示：输出图形这一类的问题，首先要观察图形的特点，找到规律：一共有几行，每行先输出什么字符，输出几个；后输出什么字符，输出几个。一般外循环变量控制行数，内循环变量控制各行字符的数量。

程序的基本结构如下：

```
/*c5-4.c 输出字符图形 */
#include "stdio.h"
int main(void)
{
    for(int i=0;i<=2;i++)
    {
        连续输出若干空格；
        连续输出若干个 "*"；
        输出一个换行；
    }
}
```

想一想，输出下面三种图形，分别应当如何实现？

```
******   *******                   *
******   *****                  *****
******   ***                 *********
******   *                 *************
```

（四）运行以下程序，分析程序的运行结果并上机验证。

```c
/*c5-5.c 循环结构程序 */
#include"stdio.h"
int main(void)
{
    int i=0,a=0;
    while(i<20)
    {
        for(;;)
        {
            if(i%10==0)
                break;
            else
                i--;
        }
        i+=11;
        a+=i;
    }
    printf("%d\n",a);
    return 0;
}
```

五、实验注意事项

（1）对于两重循环来说，外层循环往往是控制变化较慢的参数（如所求结果的数据项的个数、图形的行数等），而内层循环变化快，一般控制数据项的计算、图形中各种字符的数量等。

（2）注意在循环结构程序设计中，正确使用 { } 构成复合语句。

（3）外层循环变量增值一次，内层循环变量从初值到终值执行一遍。即内层循环语句整个执行一次。

（4）程序书写时，最好使用缩进结构以使程序代码结构清晰，易于阅读。

六、思考题

（1）用两重循环输出下面的图形：

```
*************
*************
*************
*************
*************
```

（2）用两重循环输出下面的图形：

```
      *                 #include "stdio.h"
     ***                #include <math.h>
    *****               int main(void)
   *******              {
  *********                 int i=1,j,k,r=5;              //r 表示行数
 ***********               for(i=-1*r;i<=r;i++)
  *********                 {
   *******                      for(k=1;k<=abs(i);k++)  // 输出一行前的空格
    *****                       {
     ***                            /* 加代码，abs(i) 为求 i 的绝对值 */
      *                         }
                               // 下面输出一行中的所有 *。
                               for(j=1;j<=/* 加入表达式 */;j++)
                               {
                                   printf("*");
                               }
                               printf("\n");
                           }
                           return 0;
                       }
```

（3）在 1~20 中，找出满足其和为 30 的三个正整数（三个数可以相同）。

（4）在 for(;;) 中，两个 ; 之间如果没有写表达式，则这个表达式确定为 1，表示这个循环可以无限循环下去，下面的代码是无限循环吗？分析下列程序代码的功能并给出回答。

```
#include <stdio.h>
int main(void)
{
    for(char ch1='D';;ch1++)
    {
       putchar(ch1);
       for(char ch2='Z';;ch2=ch2-2)
       {
          putchar(ch2);
          if(ch2<ch1) break;
       }
    }
    return 0;
}
```

（5）利用两重循环，输出 80~100 所有整数的两个因子，如果此整数是素数，则直接输出"素数"。提示：第一重循环的循环变量设置为 num，从 80~100，对于某个 num 值，用一个循环变量 i 从 2~num-1，分别去除 num，如果 num%i 等于 0，则直接输出 num/i 和 i，并结束此内部循环。如果此内部循环没有 i 能整除 num，则此 num 为质数。

（6）通过两重循环利用积分的原理，求一个半径为 r 的圆的面积。要求用 for 语句、while 语句和 do 语句分别实现，r 值由键盘输入得到。

一维数组程序设计

一、实验学时

2 学时。

二、实验目的

➢ 掌握一维数组的定义、初始化方法；

➢ 掌握一维数组中数据的输入和输出方法；

➢ 掌握与一维数组有关的程序和算法；

➢ 了解用数组处理大量数据时的优越性。

三、预习要求

一维数组是派生类型，它的元素类型一般可由基本类型、结构体类型、指针类型、枚举类型和共用体类型构建。

一维数组的数组名代表的数据类型是整个一维数组，它的值表示一个地址，这个地址中存放一维数组元素（或变量）的数据类型。也可以说，一维数组是由这些完全的变量派生的。数组类型是一个大类概念，数组中变量个数不同，元素类型不同；一维数组的数据类型就不同，换句话说，一个一维数组的数据类型取决于它的变量的数据类型和个数。例如 int a[10]; 与 int b[9]; 定义的两个数组名 a、b 表示的数据类型是不同的，前者的数据类型是 int[10]，后者的数据类型是 int[9]，但以 a 和 b 的值为地址的内存中存放的都是 int 型数据。又如，int a[10]; 和 float b[10]; 定义的两个数组名 a、b 也表示两种不同数据类型，此数组名 a、b 的值为编号的内存中分别存放 int 型数据和 float 型数据。

一维数组中各变量的数据是顺序存放的，且 a、b 的值分别是这个内存空间的首地址值。预习要重点掌握以下知识点。

（1）理解数组的概念、利用数组存放数据有何特点；

（2）一维数组的定义、初始化方法；

（3）一维数组中数据的输入和输出方法。

（4）一维数组各变量的应用，尤其是与循环语句结合在一起的应用。

（5）理解冒泡排序算法的基本步骤。

四、实验内容

（一）下列程序均可以为一维数组元素赋值，请输入程序并运行，比较各方法的不同。

（1）在定义数组的同时对数组初始化，并输出数组名表示的值。以这个值为地址的内存中存放的变量是什么数据类型，变量值是多少？

```
/* c6-1.c   在定义数组的同时对数组初始化 */
#include "stdio.h"
int main(void)
{
    int a[4]={5,4,9,21};
    printf("\n%d %d %d %d\n", a[0],a[1],a[2],a[3]);
    printf("%ld\n",a);
    return 0;
}
```

然后写一个程序，定义两个一维数组，分别用指定的初始化器和顺序下标初始化器进行初始化，并输出各数组的所有元素值。

（2）用语句为一维数组元素进行赋值。

```
/* c6-2.c   用语句分别对每一个元素赋值 */
#include "stdio.h"
int main(void)
{
    int a[5];
    a[0]=22;
    a[1]=24;
    a[2]=26;
    a[3]=28;
    printf("\n%d %d %d %d %d\n",a[0],a[1],a[2],a[3],a[4]);
    return 0;
}
```

解释 a[4] 输出的结果。

（3）用循环结构为每个一维数组元素赋值，输出该数组的每一个元素值。

```
/* c6-3-你的学号.c  利用一个单循环，从键盘输入数据对一维数组元素赋值 */
#include "stdio.h"
int main(void)
{
    int i,a[5];
    for(i=0; i<5; i++)
        scanf("%d",&a[i]);
    printf("\n");
    for(i=0; i<5; i++)
```

```
        printf("%d ",a[i]);
    printf("\n");
    return 0;
}
```

（二）编写一程序，为一维数组 a 中的元素赋值，并按照逆序输出。

这里要注意是逆序输出，可以在 for 循环语句中，把循环变量 i 的初始值设定为一维数组元素个数减 1，for() 中的表达式 2 写成 i>=0，表达式 3 写为 i--。

```
#include "stdio.h"
int main(void)
{
    int i,a[10];                        /* 定义循环变量i和一维数组a*/
    for(i=0; i<=9;i++)
        scanf("%d",&a[i]);
    for(_____)                   /* 在横线上补充代码 */
        printf("%d ",a[i]);             /* 按照逆序输出 */
    /* 在下面补充代码，输出各元素的地址，注意格式符用 %ld*/
    printf("\n");
    return 0;
}
```

执行上述程序后,分析一下各元素地址之间有什么规律？请对上述问题不用for语句,改用 while 语句来实现，试写出程序代码，调试执行，并自己保留执行的结果截屏图片。

（三）编写程序，输出一维数组 arr 中的元素最小值及其下标。

编程提示：

（1）定义一个变量 min，其数据类型与定义数组时用的类型一致，用它来存放数组各元素的最小值，并初始化为 arr[0]，然后定义一个 unsigned 变量 pos，初始化为 0。即从数组第零个元素开始判断。

（2）通过循环，依次判断数组中每个元素 arr[i] 是否小于 min，如果小于，则将 i 值赋给 pos，将 arr[i] 赋给 min。

（3）循环结束后，pos 则为最小值下标，min 为最小值，并输出。

```
/* c6-5.c   输出一维数组中元素的最小值及其下标 */
#include "stdio.h"
int main(void)
{
    int i,arr[10]={9,8,7,6,1,3,5,18,2,4};
    int min=arr[0];                     /*min用于存放最小值 */
    unsigned pos=0;                     /*pos用于存放最小值的下标 */
    /* 请在下面补充完整语句，也就是完成上述的2、3两步 */
    return 0;
}
```

要求：分别用 for 循环和 while 循环加以实现，并保留各自的结果。如果上述编程不用 min 变量，只用 pos，代码如何修改？

（四）分别求出一维数组中下标为偶数和奇数的元素之和，并输出。

编程提示：

（1）定义一个数组 arr 并初始化。假设定义的元素个数为 N（N 大于或等于 4 并由用户输入）。

（2）定义两个整型变量 evensum 和 oddsum，用于存放下标为偶数和奇数的元素和，并把它们均初始化为 0。

（3）定义一个变量 k，如果 N 为奇数，令 k=N-1，否则 k=N；从数组的第 0 个元素开始，每次循环变量 i 递增 2，直到 i > =k 为非 0 时结束，循环体中执行两条语句：evensum+=arr[i]; oddsum+=arr[i+1];。

（4）循环结束后，如果 N 为奇数，则执行 evensum+=arr[i];。

（5）输出 evensum 和 oddsum 元素之和。

```
/* c6-6.c   分别求一维数组中下标为偶数和奇数的元素之和 */
#include "stdio.h"
int main(void)
{
    int N,k;
    scanf("%d",&N);                    // 输入元素个数
    /* 补充代码 */
    int i,evensum=0,oddsum=0;
    int arr[N];
    for(i=0;i<N;i++)
        scanf("%d",&arr[i]);
    /* 补充代码 */
    printf("evensum=%d,oddsum=%d\n",evensum,oddsum);
    return 0;
}
```

解决此问题，还可以采用如下思路，一开始并不判断 N 的奇偶性，而是在做奇偶项加法的循环中判断循环变量 i 的奇偶性，再根据情况把 a[i] 加到 evensum 或者 oddsum 中，循环结束后直接输出结果。编写代码实现，试着分析两种算法哪一个更好。

（五）编写程序，将 200 以内的素数存放到一个数组中。

编程提示：这是一个双层循环嵌套的程序。

（1）首先复习教材上的内容，掌握判断素数的方法。

（2）定义一个数组存放 200 以内的素数，想一想该数组的大小应该大概定为多少？为了以后输出方便，各元素值初始化为 -1。

（3）定义一个整型变量作循环变量。

（4）定义一个整型变量作为数组元素下标的计数器，想一想该变量应赋什么样的初值？

（5）在外层循环中，对 2 ~ 200 之间的所有整数进行遍历；内层循环则判断每个整数是否为素数。如果是素数，存放到数组中，并使数组下标变量加 1；否则继续判断下一个整数。

（6）用循环语句输出数组中的所有素数，注意循环变量的初值和终值如何确定。

考虑另一种处理方式，因为 2 为确定的素数，且最小，所以在定义数组时，把数组用 {2} 进行初始化，并且把下标计数器变量初始化为 1。因为 4 及以上偶数肯定不是素数，所以在外层循环中，只需考虑奇数的素数判断，这样可节省计算量。试着编写代码。

（六）编程把一个一维数组中的值按逆序重新存放。例如，原来的元素顺序为 1，2，3，4，5，要求改为按元素顺序为 5，4，3，2，1 的顺序存放（注意是逆序存放而不是逆序输出）。

编程提示：

（1）定义一个一维数组，元素个数为 N，并给该数组赋值。赋值可以直接初始化，或者用循环语句赋值。

（2）用一个循环完成如下计算。使第 0 个元素与最后一个元素（下标为 N-1）互换，再把第 1 个元素与第 N-2 个元素交换，如此进行，最后把第 N/2 个元素与第 N-N/2 个元素互换。也就是说循环变量从 0 变到 N/2。

（3）用循环输出顺序输出数组各元素。

五、实验注意事项

（1）C 语言规定，数组的下标下界为 0，因此数组元素下标的上界是该数组元素的个数减 1。例如，有定义：int a[10];，则数组元素的下标上界为 9。

（2）给一维数组元素初始化方法中有受指定的初始化器、顺序下标初始化器以及两者的混合，一个一维数组名可看成一个变量，但这个变量不能被赋值，有些资料上称为常变量，它的值为存放数组元素地址空间的首地址。

（3）要对一维数组的多个元素输入值时，可以使用循环语句，使数组元素的下标依次变化，从而为每个数组元素赋值。例如：

```
int a[10],i;
for(i=0;i<10;i++) scanf("%d",&a[i]);
```

不能通过如下方法对数组中的全部元素输入值。

```
int a[10],i;
scanf("%d",&a);
```

六、思考题

（1）定义一个数组名为 score 且有 1 000 个 float 类型元素的一维数组，同时给每个元素赋初值为 0，请初始化数组。如果定义数组的同时，给第 3 个元素赋 1，第 800 个元素赋 5，其余元素均为 0，该如何做？如果定义完数组后不做初始化，立即用语句实现上述赋值功能，如何做？

（2）一种称为选择排序算法可以对一维数组中的数据进行排序（这里按从小到大排序）。其思路与冒泡算法相似，但选择排序是在做循环前先定义一个变量，如 pos，并初始化为 0，然后在内循环中，顺序比较下标为 pos 处的元素与下标为循环变量处的元素的大小，如果后者比前者大，则此时不像冒泡算法那样去交换数据，而是把此时内循环变量值赋给 pos，等内循环结束后，再把最后一个元素与 pos 处的元素交换。选择排序算法省去了冒泡算法中经常要做的两两数据交换，只是在内循环结束后做一次数据交换，所以选择排序算法比冒泡算法要好一些。请补充代码。

```c
#include "stdio.h"
int main(void)
{
    int a[10]={34,45,1,35,25,46,83,71,67,33};    /* 定义循环变量 i 和一维数组 a*/
    int pos=0;
    for(int j=9;j>=0;j--)
    {
        pos=0;
        for(int i=0;i<=j;i++)
        {
            /* 补充完整代码 */
        }
        /* 补充互换数据的代码 */
    }
    for (int i=0;i<10;i++)                        // 输出排序的数据。
        printf("%d",a[i]);
    return 0;
}
```

（3）Fibonacci 数列的前两项均为 1，后面的每一项都是该项的前两项之和，试输出该数列的前一项与后一项的比值，共输出 20 个比值，并说明这些比值有什么规律。本题要求补全下面的代码。

```c
#include "stdio.h"
int main(void)
{
    // 添加代码。定义一个数组，存放 Fibonacci 数列前 21 项的值，并初始化前两项为 1
    // 添加代码，输出第一个比值 1
    for(int i=1; i<=20;)                          // 注意这里没有写表达式 3
    {
        // 补充代码。先求出第 i+1 项的值，然后求第 i 项与它的比值，并输出
    }
    return 0;
}
```

（4）定义元素数据类型不同的多个一维数组，分别用格式控制符 %d 输出：sizeof（数组名），sizeof（数组元素类型），总结一下这两个值之间有什么规律。

（5）定义一个一维数组 Aarr，输入 10 个整数，这些整数中可以有相同的，编写一个程序，把数组 Aarr 中不同的整数输入到另一个一维数组 Barr 中，即 Aarr 中相同的整数只输入一个到 Barr 中。

（6）定义数组 double A[10]={1,2,3,4,5,6,7,8,9,10}; 和 double B[10]={10,9,8,7,6,5,4,3,2,1};，把数组 A 中能被 2 整除的元素的下标输入到数组 C 中，然后把 B 中凡是下标在 C 中的元素值改成 0，并输出 B。

（7）一维数组可以用于表示一个向量，定义两个相同长度的一维数组，存入两个维数相同的不同向量，求这两个向量的内积。内积的值如果是 0，表示这两个向量垂直，但工程中如果两个向量的内积非常小，也认为这两个向量垂直，给出自己的阈值，以确定两个向量是否垂直。

（8）长度为 n 的一维数组也可以用于表示一个 n 维空间上一个点的坐标（如果 n 为 3 就是通常的空间点坐标，如果 n 为 2，就是平面点坐标），现有三个 n 维空间上的点 A、B、C，求 A 点到 B、C 两点的欧氏距离哪个最近？数据自己输入。

假设 A、B 两点的坐标分别为（$a_1, a_2, \cdots, a_n$）和（$b_1, b_2, \cdots, b_n$），则它们之间的欧氏距离为：
$$\sqrt{(a_1 - b_1)^2 + (a_2 - b_2)^2 + \cdots + (a_n - b_n)^2}。$$

（9）一个一维数组中存放着一个班级某门课的成绩，编程求出此门课的及格率、平均值、方差和中位数。

（10）如果有两个元素数据类型相同的一维数组，编程把这两个数组元素首尾连接到一个新的一维数组中。

（11）如果一维数组 Arr 中有 100 个元素，现有 int 型一维数组 Index，其元素个数为 10，元素值均在 0~99，编程把 Arr 中下标为 Index 元素值的元素均赋值为 1。

（12）现有一维数组 Aarr[N1]，N1 自己定义并给出，它们的元素类型分别为 char，编程输出 Aarr、Aarr+N1 和 sizeof(char) 的值，调整元素类型和 N1 的值，多次运行，试着发现这三个值之间的关系。结合一维数组元素在内存中的存储方式，解释为什么会出现这种关系。

实验七

二维数组的应用

一、实验学时

2 学时。

二、实验目的

➤ 掌握二维数组的定义、初始化、赋值的方法；

➤ 掌握二维数组的本质意义,数组名、数组名 [行下标] 以及数组名作为地址的意义；

➤ 掌握与二维数组有关的算法如相加、矩阵转置等；

➤ 掌握在程序设计中使用数组的方法。

注：数组是非常重要的数据类型，循环中使用数组能更好地发挥循环的作用，有些问题不使用数组难以实现。

三、预习要求

二维数组也是派生类型，它由一维数组派生。掌握二维数组定义以及初始化以及二维数组中各变量的存储（复习主教材相关内容）。二维数组名表示的数据类型是整个二维数组，数组名的值是它的首个元素的地址值，它的元素是一个一维数组。一维数组的数据类型和行数，决定了二维数组名表示的数据类型不同。比如：int arr[10][5];，则 arr 表示的数据类型是整个二维数组，数据类型表示为 int[10][5]。它的元素的数据类型是 int[5]，因此，它与 int brr[10][4]; 中的数组 brr 表示的数据类型不同，因为 brr 的元素数据类型是 int[4]，而不是 int[5]，虽然它们的行数都是 10。

数组 arr 与 float crr[10][5]; 中的 crr 表示的数据类型也不同，因为 crr 的元素的数据类型是 float[5] 而不是 int[5]。

以二维数组名的值为编号的内存地址中存放的是其首个元素。同样的，"二维数组名[i]" 可作为第 i 行的一维数组名。这个一维数组名与上个实验的一维数组有相同的性质。

比如，int arr[10][5]; 中，arr[i] 可以看成是二维数组第 i 行这个一维数组的数组名。以 arr[i] 值为编号的内存地址中存放的是 arr[i][0] 变量的值。

"一维数组名 [下标]"得到一个一维数组下标处的变量。对于二维数组中的 arr[i][j]，可看成是 arr[i] 一维数组名加上下标 [j]。

一维数组名 arr[i] 的数据类型为 int[5]，以一维数组名的值为地址的空间中存放的是 arr[i][0] 变量。

四、实验内容

（一）二维数组的初始化，即给二维数组的各个元素赋初值。下面的几个程序都能为数组元素赋值，请输入程序代码并运行，比较这些赋值方法有何异同。

（1）在定义数组的同时对数组元素分行初始化。

```
/* c7-1.c 二维数组的初始化 */
#include "stdio.h"
int main(void)
{
    int i,j,a[3][3]={{21,22,23},{24,25,26}};
    int b[3][3]={1,2,3,4,5,6};
    for(i=0; i<3; i++) {
        for(j=0; j<3; j++)
            printf("%d ",a[i][j]);
        printf("\n");
    }
    /* 加入代码。使 b 数组中的各数据分行输出 */
    return 0;
}
```

（2）分别使用受指定的初始化器以及与顺序下标初始化器结合的方式初始化二维数组 a[100][100] 和 b[3][3]。并计算它们各数据的和。

```
/*c7-2.c 二维数组的初始化（不分行）*/
#include "stdio.h"
int main(void)
{
    float i,j,a[100][100]=_____;        /* 在横线上加入代码 */
    float b[3][3]=_____;                  /* 在横线上加入代码 */
    float sum_a=0,sum_b=0;
    for(i=0; i<100;i++){
        for(j=0;j<100;j++)
            /* 加入代码。计算数组 a 各数据和 */
    }        /* 加入代码。计算数组 b 各数据和 */
    /* 加入代码。输出它们的和 */
    return 0;
}
```

（3）为部分数组元素初始化。

例如，数组定义语句为：int i,j,a[2][3]={{1,2},{4}};

（4）可以省略第一维的定义，但不能省略第二维的定义。

例如，int a[ ][3]={1,2,3,4,5,6};

分别指出 3、4 两种方式下，数组 a 中各元素的值并编程加以验证。

（二）求一个 4×4 矩阵的主、辅对角线元素之和，填空并运行程序。

编程提示：

（1）定义一个 4 行 4 列的二维数组 a。

（2）可利用两重循环为该二维数组的各个数据赋值，一般格式为：

```
for(i=0; i<4; i++)
    for(j=0; j<4; j++)
        scanf("%d",&a[i][j]);          // 注意 a 中数据变量的接收
```

（3）编写程序，用一个循环分别求一个方阵中主对角线和辅对角线上各数据的和。主对角线上数据下标的特征是：行下标和列下标相同。辅对角线上数据下标的特征是：行下标和列下标的和为方阵的行数 −1。

```
/*c7-3.c 求一个 4×4 矩阵的主对角线元素之和 */
#include "stdio.h"
int main(void)
{
    int a[4][4]={{11,12,13,14},{15,16,17,18},{13,19,10,12},{14,12,9,8}};
    int i,Msum=0,Asum=0;
    for(i=0;i<4;i++)
    {
        /* 添加代码。把对角线上的数据分别放在变量 Msum 和 Asum 中 */
    }
    /* 添加代码。输出 Msum 和 Asum*/
    return 0;
}
```

（三）杨辉三角的每行行首与每行结尾的数都为 1，而且每个数等于其左上及其右上二数的和，杨辉三角的第 n 行是 $(a+b)^n$ 展开的系数。编写程序打印杨辉三角（要求打印出 9 行）。

```
                    1
                  1   1
                1   2   1
              1   3   3   1
            1   4   6   4   1
          1   5  10  10   5   1
        1   6  15  20  15   6   1
      1   7  21  35  35  21   7   1
    1   8  28  56  70  56  28   8   1
```

编程提示：

（1）如果用二维数组存放杨辉三角各值，其的特点是：第一、第二行都是1，第一列和最后一列也是1，其他各元素的值都是上一行上一列元素和上一行前一列元素之和。

（2）定义一个9×9的二维数组a，并且用指定的初始化器初始化第一行和第二行数据。int a[9][9]= {[0]={1},[1]={1,1}}。

（3）从第三行开始到第9行，用一个循环给杨辉三角的每一行赋值。在这个循环中嵌套一个循环把杨辉三角的每一行数字赋给a的对应行数据。因为每一行的第一个数据和最后一个数据为1，因此，给第i+1（因为i从0开始算）行数据赋值时，在内循环开始前，a[i][0]=1，内循环结束后，a[i][i]=1。第i+1行的其他数据为：a[i][j]=a[i-1][j-1]+a[i-1][j]。

（4）用二维数组完成杨辉三角各值的计算后，再用一个两重循环输出杨辉三角。注意，对于第i行，前面需要输出的空格数要进行编程处理，这个处理要先用一个循环输出，例如，对于第i行，先输出 (N-i-1)*3 个空格。然后再用一个循环输出该行的每一个数据，每个数据占用6个字符的位置并且采用左对齐方式。

```
/*c7-4.c  打印杨辉三角 */
#include "stdio.h"
int main(void)
{
    int N=9;
    int a[9][9]={[0]={1},[1]={1,1}},i,j;
    for(i=2;i<N;i++)
    {
        a[i][0]=1;              // 把第 i 行的第一个 1 赋给 a[i][0]
        for(j=1;j<i;j++)        // 计算第 i 行中，头尾两个 1 之间的数据并赋给 a[i][j]
            /* 补充代码 */
        a[i][j]=1; // 把第 i 行最后一个 1 赋给 a[i][j]。注意 for 循环结束后，j 的值为 i
    }
    for(i=0;i<N;i++)
    {
        for(j=0;j<(N-i-1);j++)       // 输出每一行前面的空格
            /* 补充代码 */
        for(j=0;j<=i;j++)            // 输出每一行数据
            /* 补充代码 */
        printf("\n");
    }
    return 0;
}
```

（四）某班有50名学生，每个学生有4门课程的考试成绩，要求输出每个学生的总成绩和每个学生的平均成绩，然后输出每门课的总平均成绩。因为数据较多，所以此处写了一个在计算机上获取随机数的方式，以便输入各学生成绩以验证程序，实际中通常把成绩放在一个文件中，通过编程读取文件获取成绩数据。

编程提示：

（1）因为有 50 个学生，每个学生有 4 门课的成绩，因此，设定一个二维数组 score[50][4] 存放这些成绩。并定义 4 个变量 sum_1、sum_2、sum_3、sum_4 存放每门课的总成绩，并初始化为 0。

（2）因为要求每个学生的平均成绩，因此，可以用一个循环遍历二维数组的每一行，在循环中，把该行的数据相加，然后输出总成绩和平均值。因为最后要取各门课的平均分，所以在该循环中，把每门课的成绩分别加到 4 个变量中 sum_1、sum_2、sum_3、sum_4 中。

（3）输出用 sum_1、sum_2、sum_3、sum_4 计算的平均分。

```c
/*c7-5.c学生成绩处理 */
#include "stdio.h"
#include <stdlib.h>
#include <time.h>
int main(void)
{
    int N=50,i,j;                       /*N为学生的人数 */
    int a[N][N];
    /* 初始化随机数发生器 */
    srand((unsigned)time(0));
    /* 随机输入N个学生的四门课成绩 */
    for(i=0;i<N;i++)
    {
        a[i][0]=rand()% 50+50;          /*rand() 函数得到一个随机数, rand()%
                                          50+50得到50~100的一个随机数 */
        a[i][1]=rand()%50+50;
        a[i][2]=rand()%50+50;
        a[i][3]=rand()%50+50;
    }
    float sum_1=0,sum_2=0,sum_3=0,sum_4=0;
    for(i=0;i<N;i++)
    {
        /* 补充代码 */
    }
    printf("\n total avg:%5.1f%5.1f%5.1f%5.1f\n",sum_1/N,sum_2/N,
sum_3/N, sum_4/N);
    return 0;
}
```

（五）应用 c7-5.c 中的随机数，给一个二维数组 arr[400][400] 赋数据，求出该二维数组 arr 中的最大值和最小值并输出。

编程提示：首先在用随机数赋好每个数据后，定义两个变量 max 和 min，并都初始化为 a[0][0]。用一个两重循环遍历二维数组中的每个变量数据，如果这个变量数据大于 max，则把该数据赋给 max。同时，对 min 也作相似处理，等循环结束后，输出 max 和 min。

```
/* c7-6.c 求二维数组中元素的最大值与最小值 */
#include "stdio.h"
#include <stdlib.h>
#include <time.h>
int main(void)
{
    int N=400,i,j;                        //N 为学生的人数
    int a[N][N];
    /* 初始化随机数发生器 */
    srand((unsigned)time(0));
    /* 输出 0~50 的 N 个随机数 */
    for(i=0;i<N;i++)
    {
        for(int j=0;j<N;j++)
         a[i][j]=rand()% 1500;
    }
    /* 补充求最大值和最小值的代码 */
    // 输出 max 和 min
    return 0;
}
```

（六）一个矩阵，它的下三角矩阵均为1，其余元素从第一行起逐渐加1，如下图所示。

```
1 2 3 4 5
1 1 6 7 8
1 1 1 9 10
1 1 1 1 11
1 1 1 1 1
```

编写程序，自动生成这样的矩阵，并输出。

编程提示：设定一个二维数组名 arr。如果某变量 arr[i][j] 的行下标大于或等于列下标，则这个变量数据就是1，即行下标 i 大于或等于列下标 j 时，arr[i][j]=1。当行下标小于列下标时，该行的前一列的值比后一列小1，且该行的第一个非1值是前一行的最后一个值加1。

所以，可以首先令一个变量 x=1，然后用一个两重循环，以行优先的顺序遍历二维数组的每个变量，当行下标 i 大于或等于列下标 j 时，执行 a[i][j]=1;，否则执行 a[i][j]=++x;。

```
/* c7-7.c 自动生成一个矩阵 */
#include "stdio.h"
int main(void)
{
    int i,j,k,a[5][5];
    int x=1;
    for(i=0;i<5;i++)
```

```
        for(j=0;j<5;j++)
            /* 补充代码 */
    for(i=0;i<5;i++)                        // 分行输出矩阵中的每个数据值
    {
        /* 补充代码 */
    }
    return 0;
}
```

（七）编写程序，实现方阵（如 3 行 3 列）的转置，即行列互换。例如：

原来的方阵：

    1   2   3

    4   5   6

    7   8   9

转置方阵：

    1   4   7

    2   5   8

    3   6   9

输出转置后的方阵。

编程提示：这个转换只要用一个两重循环遍历下三角矩阵的每个数据（即行下标大于列下标处的数据），并且把下标 i、j 处的数据与下标 j、i 处的数据互换即可。注意：进行互换时，不要遍历方阵中所有变量，如果这样会产生什么结果，写出代码并解释。

五、实验注意事项

（1）C 语言规定，与一维数组类似，二维数组的行和列下标最小值均为 0。定义一个二维数组时，[] 中的数据指定行数和列数的个数，该定义指定编译器为该二维数组申请多少个指定数据类型的空间。一旦定义完成后，对各变量引用时，最大下标为定义的个数 −1。

例如，有定义：int arr[20][30];，则引用时，数组 arr 的最大行下标为 19，最大列下标为 29。

（2）二维数组实质上可以看作以一行一维数组作为元素的一维数组。数组名不可被赋值，数组名的值是数组元素的首地址。数组名 [行下标] 可以看作一行该一维数组的数组名，它的值是该行数据的首地址。

（3）二维数组可以看作数据类型为一维数组的一维数组。

六、思考题

（1）定义一个二维数组 double Arr[3][4]，输出 sizeof(Arr)、sizeof(Arr[0]) 和

sizeof(Arr[0][0]) 的值，探索这三个值之间的关系。并说明哪个值是一个二维数组的一个元素值所占内存的大小。Arr 和 Arr[0] 的值如果看成地址，此地址中存放的数据类型各是什么？

（2）二维数组名 A 是否可以作为一个变量来使用？ A[0] 呢？ A[0] 可以作为该二维数组中第 0 行的数组名吗？

（3）编写程序，验证一个二维方阵是否是对称矩阵。

（4）有两个矩阵，大小分别 $M \times N$ 和 $M \times K$，把后者接在前者的后面，形成一个 $M \times (N+K)$ 的矩阵，并输出；有两个矩阵，大小分别为 $M \times N$ 和 $K \times N$，把前者放在后者的下面，形成一个 $(M+K) \times N$ 的矩阵。

（5）有两个矩阵，大小分别为 $M \times N$ 和 $N \times K$，计算它们的积，并输出结果。

提示：两矩阵由二维数组 A 和 B 表示，其乘积的结果用二维数组 C 表示，则 C 的行数为 M，列数为 K。C 中 i 行 j 列的变量 $C[i][j] = \sum_{k=0}^{N-1} A[i][k] * B[k][j]$。其中 i 从 0 到 $M-1$，j 从 0 到 $K-1$。所以，可用一个三重循环实现计算两个矩阵相乘，外边两层分别把 i 从 0 遍历到 $M-1$，j 从 0 遍历到 $N-1$。第三重循环实现 $C[i][j]$ 的计算。

（6）定义一个二维矩阵并用指定元素的初始化器进行初始化，然后把它最外围各数据的值均赋值为 1，并输出出来。

（7）定义一个二维数组 p[30][10]，用于存放 30×10 个概率值，这些概率值与实际不一定相符，现要求输出每一行最大值所在列下标，并顺序放在一维数组 arr[30] 中。如果有一个一维数组 Y[30]，存放了 30 行中每一行最大值正确的列下标，试求出 arr[30] 中下标正确率是多少？ （如果 arr[i] 与 Y[i] 相等则下标正确，否则不算正确。）

为避免在练习过程中，手工输入大量概率值，可以用以下循环输入随机值，在实际工程中，这些值一般是从事先准备好的文件中通过编程直接读取。

```
srand(time(NULL));
for(int i=0;i<30;i++)
    for(int j=0;j<10;j++)
        p[i][j]=rand()*1.0/RAND_MAX;
```

这里，RAND_MAX 是 C 语言用 rand() 能获取的随机数的最大值，把获取的随机数除以这个最大值，是保证概率值在 0~1。要正确使用这个值，需在代码中加入 #include <stdlib.h>。

Y[30] 也可以仿照类似的方法随机化初始值，其元素值只能是 0 到 4 中的一个整数。可以用 rand()%5 获取 0~4 的一个值。

（8）定义一个二维数组 Arr[100][200]，并输入初始值，求出此二维数组中的最大值和最小值，并输出这两个值的行、列下标。

（9）一幅数字图像，通常用二维矩阵存放其各像素点的颜色值，人们常说的灰度图像就是用一个二维矩阵存放各像素点的亮度值，并且各亮度值均是 0~255 整数，试编程输出一幅灰度图像中各亮度值出现的概率（共 256 个概率值）。

实例：

假设一幅图像中的亮度值 $\begin{bmatrix} 25 & 34 & 45 \\ 12 & 25 & 34 \\ 45 & 23 & 25 \end{bmatrix}$，则亮度为 25 出现的概率是 3/9，亮度为 34

和 45 出现的概率均为 2/9，亮度 12 和 23 出现的概率均为 1/9。其余在 0~255 的概率值均为 0。编程思路：假设图像用二维数组表示为 int img[M][N]，可以定义一个一维数组 float p[256]，并全部初始化为 0。然后用二重循环遍历图像矩阵的每个值，并执行 p[img[i][j]]++;，则最后亮度值为 i 的概率可以用 p[i]/(M*N); 计算。

（10）二维数组的元素是一个一维数组，"二维数组名 [N+1]"和"二维数组名 [N]"的值之差值与其元素内存大小之间是什么关系？是否涉及二维数组的数据类型？试着画出二维数组各数据存放的内存示意图。

（11）有两个 4×5 的矩阵 A 和 B，其中 A 矩阵数据不限，B 矩阵的奇数行和奇数列的值均为 0，其余各元素值为 2。编程用二维数组的形式构建这两个矩阵，然后把 A 和 B 进行点乘（点乘即矩阵中行、列下标相同的值相乘，结果作为该行该列的值），并输出结果。点乘实例：$\begin{bmatrix} 1 & 2 \\ 3 & 4 \end{bmatrix} \cdot \begin{bmatrix} 2 & 3 \\ 4 & 5 \end{bmatrix} = \begin{bmatrix} 2 & 6 \\ 12 & 20 \end{bmatrix}$。

实验八

字符数组程序设计

一、实验学时

2 学时。

二、实验目的

➤ 掌握字符一维数组的定义、初始化以及一维的意义和应用；

➤ 掌握字符串处理函数的使用；

➤ 掌握字符二维数组的定义、初始化和二维数组名的意义及二维数组的应用；

➤ 掌握字符数组名的应用。

三、预习要求

重点预习的内容：C 语言中字符串的存储表示；字符数组输入 / 输出的方法；二维字符数组名的含义，以及"二维数组名 [下标]"的意义和应用，常用字符串函数的使用。

四、实验内容

（一）输入并运行下面的程序，观察程序运行结果，并分析原因（注意程序第 4 行中有些单引号之间是空格）。

```
/* c8-1.c 字符数组的输出 */
#include "stdio.h"
int main(void)
{
    char a[10]={'I',' ','a','m',' ','a',' ','b','o','y'};
    printf("%s\n",a);
    return 0;
}
```

需要注意，a 是一个一维数组的数组名，它的值为数组元素存入空间的首地址。%s 是从指定的地址开始输出字符，直至遇到字符 '\0' 为止。

上面程序的运行结果是什么？如果将字符数组 a 的大小定义为 11，并在初始化的最后加上 '\0' 再运行程序，结果是什么？为什么前者不正确，后者正确。函数体第一行仅把 a[10] 改成 a[11] 也正确，为什么？

（二）编程输入一行字符，字符个数不超过 50 个，分别统计出其中英文大小写字母、空格及其他字符的个数，并输出。

编程提示：

（1）定义一个一维字符数组 str[50]，然后定义四个 unsigned 型变量，均初始化为 0，分别用于统计大小字母、空格及其他字符的个数。

（2）因为有空格，所以用串函数 gets() 获取从键盘中输入的字符串。注意不要用 scanf() 函数接收字符串数据。

（3）用一个循环遍历 str 串的每个字符，在循环体中对每种类型的字符进行个数统计，如果该字符是对应的字符，则相应的计数变量加 1。

（4）当循环运行结束，输出各计数器的值。

```
/*c8-2.c 统计字符个数 */
#include "stdio.h"
int main(void)
{
    char str[50];
    int i=0;
    printf("please input a string\n");
    for(;str[i]!= '\0';)
    {
        /* 补充代码 */
    }
    /* 补充输出各类型字符个数的代码 */
    return 0;
}
```

（三）编写程序。用 getchar() 接收一个字符串，串中的字符只有英文字母和空格，试输出该字符串有多少个单词。（注意，输入时可以是空格开始，一个单词之间可以间隔多个空格。）

编程提示：

（1）单词之间用空格隔开，所以可以遍历字符串的每个字符，如果是空格，则表示后面可能有新的单词。

（2）由于单词中间可能存在多个空格字符，或者开始和结束也有空格，所以仅仅用空格来区分是不准确的。

（3）采用的算法思路是用一个循环遍历每个字符，如果是空格，就用一个变量，假设为 word，赋一个值，如 0，表示可能有新的单词开始。当检测到的字符不为空格时，单词个数加 1。

但如果仅仅这样计数，则当一个单词的字母个数多于 1 时，在检测完某单词的第一个字母后，继续检测，检测到的字符也不为空格，按照上述规则，单词个数又要加 1，这显然不对。

为了防止一个单词有多个字母，把单词个数重复相加，采用这样的方法：当前检测到的字符不为空格且 word 的值为 0 时，把单词个数加 1，同时立即把 word 赋为 1。这样继续检测到同一个单词中的另外字符时，由于 word 变成了 1，所以单词个数就不加 1 了。当再次检测到空格时，把 word 又赋为 0。

这样就较好地解决了实际中出现的各种不同情况，使得统计都正确。

```c
/* c8-3.c 统计一个字符串的单词个数 */
#include <stdio.h>
int main(void)
{
    char ch;
    int i,count=0,word=0;          //word 为标记变量, count 为单词个数
    printf("please input a string:\n");
    while((ch=getchar())!='\n')
        /* 补充代码 */
    printf(" 总共有 %d 个单词 \n",count);
    return 0;
}
```

（四）编写程序，实现将字符串 2 连接到字符串 1 的后面并输出，请补充完整。不能用 strcat() 函数。

编程提示：首先用一个循环找到字符串 1 的结尾处，即 '\0'，然后用一个循环把字符串 2 连接到字符串 1 的后面。循环把字符串 2 的每个字符顺序赋给字符串 1 从 len 开始往后的空间（len 为字符串 1 的长度）。循环结束后，把字符 '\0' 赋到字符串 1 的最后，以便形成字符串。

```c
/* c8-4.c 字符串连接 */
#include "stdio.h"
int main(void)
{
    char str1[80]="This Is a",str2[80]="c Program";
    printf("String1 is:%s\n",str1);
    printf("String2 is:%s\n",str2);
    int i,len=0;                         // 存放第一个字符串的长度
    for(len=0;str1[len]!='\0';len++);    // 注意, 最后有 ";" 表示循环体是空语句
                                         // 此循环结束后, len 就是 str1 的长度
    // 下面的 for 语句把字符串 2 中的字符顺序赋给字符串 1 从 len 开始往后的空间
    for(i=0;str2[i]!='\0';i++)           // 也可以写成:for(i=0;str2[i];i++)
        /* 补充代码 */
    str1[len+i]=str2[i];
    printf("Result is:%s\n",str1);
    return 0;
}
```

为什么语句 str1[len+i]=str2[i]; 能把 '\0' 赋给字符串 1 的最后，试进行说明。仅就本题给定的值 char str1[80]="This Is a ",str2[80]="c Program"; 而言，语句 str1[len+i]=str2[i]; 可以省略吗？为什么？

（五）编写程序，将一个字符串中的大写字母转换为小写字母并输出，第一个字母如果是大写，则不改变，请补充下列代码。例如，当字符串为 "This Is My Country"，则输出 "This is my country"

```
/* c8-5.c 把字符串中的大写字母都转换为小写字母，并输出 */
#include "stdio.h"
int main(void)
{
    char str[80]="This Is My Country";
    int i;
    printf("String is:%s\n",str);
    for (i=0;str[i]!='\0';i++)
        /* 添加代码。把大写字母转变为小写字母。*/
    printf("Result is:%s\n",str);
    return 0;
}
```

思考：上述代码的 for 循环中，需要考虑第一个字母的大写问题，可以把第一个字母放在循环语句之前单独处理，试修改代码。

（六）C 库函数 char *strstr(const char *source, const char *dst) 在字符串 source 中查找第一次出现字符串 dst 的位置值，没有找到则返回 null。现有一个 5×20 的二维字符数组，编程输入 5 个字符串，现在要求，如果串中包含指定的串，比如第 i 行如果为 "char mod"，指定存放的串为 "mod"，则把第 i 行换成 "exist"。

编程提示：

（1）定义一个二维字符数组 str[5][20]，用循环输入 5 个字符串，这时注意到 str[i] 可以作为第 i 行一维字符数组的数组名。因此，输入数据时，可以直接用 gets（串名）获取第 i 行的串。然后定义一个一维字符数组 ex[20]，并输入指定存放的串。

（2）用一个循环遍历二维字符数组的每个元素，即一行。这是一个字符串，用 strstr() 函数找出该元素是否存在串 ex，如果存在，则把串 "exist" 用 strcpy() 函数复制到该元素串中。比如写成

```
if(strstr(str[i],ex))
    strcpy(str[i], "exist");
```

本题可以进一步考虑，如果不用 strstr() 函数，如何判断在一个字符串 source 中是否存在指定的串 ex。

步骤 1：i=0;j=0;

步骤 2：当 source[i] 不等于 '\0'，则 j=0;，转步骤 3，否则转步骤 5。

步骤 3：如果 ex[j] 的值不为 '\0'，比较 source[i+j] 与 ex[j]，如果相等，j 加上 1 继续步骤 3；如果不等，转步骤 4。

步骤 4：如果 ex[j] 的值为 '\0'，则存在串 ex，输出串 ex 在 source 串中的位置 i，结束。否则，i++;，转步骤 2。

步骤 5：如果 source[i] 等于 '\0'，则 source 串中不存在串 ex，输出 "No found"。

五、实验注意事项

（1）注意 C 语言中字符串是作为一维数组存放在内存中的，并且系统对字符串常量自动加上一个 '\0' 作为结束符，所以在定义一个字符数组并初始化时要注意数组的长度。

（2）注意用 scanf() 函数对字符数组整体赋值的形式。

六、思考题

（1）对一篇英文文章进行关键词的统计，用二维字符数组存储。文章的行数和每行字数自定，并假设一个单词不分行写。

（2）一个二维字符数组中，存放了 10 个单词，每行一个单词，试编程实现单词按英文词典上的方式排序。

（3）下列代码中有语句 for(long q=0;q<20000000;q++);，试着把这条语句去掉再次执行代码，查看显示字符的时间上有什么区别。

```c
#include <stdio.h>
#include <string.h>
#define N 20
int main(void)
{
    char c[N]={"I Love China!!"};
    int j;
    for(j=0;j<strlen(c);j++)
    {
        printf("%c",c[j]);
        for(long q=0;q<20000000;q++);        // 注意最后有";"
    }
    return 0;
}
```

（4）一个字符二维数组定义如下：char str[5][20]={"word","kerel", "China", "image", "recognition"};，单词之间用空格分开，再定义一个一维字符数组 char MergeStr[50]，把 str 中的单词按顺序存放到该一维数组中。

（5）前一题中的第 5 个字符数组，现为 "recogition"，其值改为用户输入，并把最后一个单词与第一个单词互换，编写相应程序代码。

（6）一维字符数组定义如下：char str[M];，M 和数组数据由用户输入。首先把数组中所有 "tr" 替换成 "st"，然后把下标为奇数的字符换成大写，最后输出修改后的字符串。

（7）定义一个一维字符数组：char str[100];，用户输入少于 100 个字符后，把输入的字符在数组内存空间中居中存放，并在数组两边填满字符 "*"。

（8）定义一个二维数组 char str[M][N];，字符串由用户输入（使用 gets() 函数输入一个串），要求把每个串中开始部分的所有空格字符去掉，然后存入数组各行内存空间中，并输出。

（9）把多个字符串存放在一个二维字符数组中，并用 gets 进行输入，找出其中含有 "ch" 的字符串，并输出（用 strstr() 函数）。

（10）一个字符二维数组，应用 gets() 函数输入各行的字符串，并分列输出它们的值。如果是字符 '\0'，则用字符 '^' 代替，然后输出二维数组所有字符。

（11）下面的程序模拟了公共显示器上字符串从下往上的循环显示过程。运行如下程序并分析程序中 while(1) 的作用。（system("cls"); 是调用 Windows 中的清屏命令）。

```c
#include <stdio.h>
#include <windows.h>                    // 这是调用 system() 时需要用到的头文件
#define N 6
int main(void)
{
    char name[N][20]={"Zhang sai","Li si","Wang wu",\
                      "Li fei","Hong bing","zhong kui"};
    int score[N]={67,93,82,47,85,83};
    int k=0,i=0,num=0;
    while(1)
    {
        for(num=0;num<4;num++)          // 显示器一次输出四个姓名和成绩
        {
            printf("%-12s%-d\n",name[i],score[i]);      // 注意输出一个姓名的写法
            if(0==k)          // 第一次每显示一行隔 500 ms，以后一次性显示四行
                Sleep(500);
            i++;
            if(i==N)          // 如果 i 输出到最后一个，则重头开始
                i=0;
        }
        system("cls");        // 显示器清空
        Sleep(500);           // 程序暂停 500 ms，准备下次输出四行
        i=i-3;                // 下一次输出四行时，从上一次输出四行的第二个开始输出
                              // 这样从视觉上看就是行往上移动
        if(i<0)
            i=i+N;
        k++;
        if(k>18)              // 演示时，随便给定一个数，以便退出循环
            break;
    }
    return 0;
}
```

如果使个人信息从左往右移动显示，如何修改程序？注意最左边的字符逐个消失，

最右边字符逐个出现。

这里提供一种算法思路。首先把每个人的信息合并到一个字符串中，然后根据前面代码的思路进行编程。以下代码实现了合并串的功能，供参考。

```c
#include <stdio.h>
#include <windows.h>
#define N 6
int main(void)
{
    char name[N][20]={"Zhang sai","Li si","Wang wu", \
                      "Li fei","Hong bing","zhong kui"};
    int score[N]={67,93,82,47,85,83};
    char namescore[100]={'\0'};         // 用于存放合并的字符，注意进行初始化
    int ns=0;                           // ns 控制 namescore 下标
    /*
    for 循环把姓名和成绩顺序加入到 namescore 一维字符数组中
    */
    for(int i=0;i<N;i++)
    {
        int j=0;
        /*
        第一步，把第 i 行的串加到 namescore 中
        */
        while(name[i][j])
        {
            namescore[ns]=name[i][j];
            ns++;                       // 为下一次输入调整下标
            j++;
            // 以上三条语句可以合并成如下一条语句
            //namescore[ns++]=name[i][j++];
        }
        namescore[ns++]=' ';            // 在姓名后加空格分隔
        /*
        第二步，把第 i 个成绩转成字符加到 namescore 中
        */
        int score_i=score[i];           // 把第 i 个成绩拿出来以便转成字符
        while(score_i)                  // 把整数成绩转换成字符加到 namescore 中
        {
            int yushu;
            yushu=score_i % 10;
            namescore[ns++]='0'+yushu;      // 数字转成字符
            score_i=score_i/10;
        }
        namescore[ns++]=' ';            // 在成绩后加空格分隔
    }
    printf("%s\n",namescore);           // 这里有一个输出，用于查看结果，可省略
}
```

函　数

一、实验学时

2 学时。

二、实验目的

➤ 掌握函数的定义、类型、形参和实参、函数调用的基本概念；

➤ 掌握变量名作函数参数的方法，熟悉函数调用的载入、运行和结束调用的过程；

➤ 掌握函数的嵌套调用、递归函数设计和调用的方法；

➤ 掌握一维数组、二维数组作函数参数的使用；

➤ 了解全局变量、局部变量的概念和使用方法。

三、预习要求

（1）函数的定义、函数类型、函数参数、函数调用的基本概念；

（2）函数实参与形参的对应关系以及参数的传递；

（3）以变量名和数组名作函数参数时的使用方法；

（4）全局变量、局部变量的概念和使用方法。

四、实验内容

（一）输入两个变量 x 和 n，n 为大于或等于 0 的 int 型数据，x 为 double 型数据，编写一个函数 power() 求 x^n，并返回。并在 main() 函数中加以调用验证。

例如，输入 "2.0，5" 输出 2.00^5=32.00。

编程提示：首先定义函数，形参应该有两个，以接收调用函数传来的 x 和 n 的值，注意 x 和 n 的类型要分别对应，而且定义函数的返回类型要与 x^n 的数据类型一致。在函数体中求 x^n 的值。定义一个变量 S，并初始化为 1，然后用一个循环不断计算 S*=x，直到循环变量为 n。

如果这个函数定义写在 main() 函数的后面，在要 main() 函数的函数体一开始处声明该函数，也就是把定义函数的首部再写一次，并在最后加上 ";"。

```
/*c9-1.c 利用 power() 函数实现求 xⁿ*/
#include "stdio.h"
int main(void)
{
    /* 此处声明 power() 函数 */
    double x;
    long int n;
    printf("please enter x and n(>=0):");
    scanf(_____);          /* 在横线上补充代码，获取输入值 */
    printf(_____);          /* 在横线上补充代码，调用函数并输出结果，注意实参写法 */
    return 0;
}
double power()              /* 定义 power() 函数，补充代码，注意写入形参 */
{
    /* 补充代码 */
}
```

（二）编写函数，计算 $C_m^n = \dfrac{m!}{n! * (m-n)!}$ 的值，并在 main() 函数中调用。

编程提示：此题可以用嵌套函数完成。注意到 C_m^n 是几个阶乘的结果计算出来的，所以首先定义一个计算阶乘的函数，形参为 n，函数体中实现 $n!$，并返回阶乘的结果。

再定义一个求 C_m^n 的函数，形参接收 m 和 n 的值，在函数体中，调用三次求阶乘的函数，求出 $m!$、$n!$ 和 $(m-n)!$ 三个阶乘的值，然后计算出 C_m^n 的结果，并返回。

最后，在 main() 函数中，从键盘接收 m 和 n，并调用求 C_m^n 值的函数，并输出。

```
/* c9-2.c  计算函数组合数 */
#include "stdio.h"
long jc(int n)                        /* 定义求阶乘函数，并返回 n!*/
{
    /* 补充代码 */
}
long  Cmn(int m,int n)                /* 定义求组合数函数 Cmn()*/
{
    /* 补充代码 */
}
int main(void)
{
    int m,n;
    printf("please enter m and n:");
    scanf("%d,%d",&m,&n );
    /* 补充调用 Cmn() 函数和输出结果的代码 */
    return 0;
}
```

（三）定义一个函数，计算并返回 $sum = 1 + \dfrac{1}{2} + \dfrac{1}{3} + \cdots + \dfrac{1}{n}$ 中的 sum 值，其中 n 由形参传入，并在 main() 函数中调用所定义的函数，并输出 sum 的值。

（四）定义一个函数，返回类型为 void。形参为 float arr[] 和 int N，在函数中，把 arr[i] 均赋值为 1.0f。i 从 0~N-1。

在 main() 函数中定义一个一维数组，元素数据类型为 float，并不初始化。以数组名和元素个数作为实参调用定义的函数，然后输出这个一维数组各元素的值，观察结果。并回答下面的问题。

（1）在 main() 函数中，为什么被调函数对数组元素的更改会对主调函数 main() 中的数组元素值产生作用，画出内存示意图进行解释。

（2）形参为什么要接收一维数组的元素个数。

（3）有定义的函数 void fun(float a,float b){a+=4; b=a+5.3f;}，如果 main() 函数调用了这个函数，并把 float 型的 x，y 作为实参，为什么调用完成后，x，y 的值并不改变。

（五）定义一个函数，逆序输出一个整数各位上的数字。

（六）定义一个函数，用一个数组传回一个整数各位上的数字，要求数字顺序与整数数字顺序一致，例如，整数 123，数组的第 0 个元素存放 1，第 1 个元素存放 2，第 2 个元素存放 3。在 main() 函数中调用此函数输出一个整数各位上的数字。

编程提示：在主调函数中定义一个存放整数各位数字的一维数组，此时遇到的问题是一维数组的元素个数到底定义为多少。可以用

while(num){num=num/10;count++;}

计算出 count，count 就是整数 num 的位数，count 初始化为 0。

定义一个一维数组，把数组名的值、count 和需求数字位的整数作为实参传给形参。在定义的函数中，把整数各位上的数字存放在数组中，如果采用不断除 10 求余的方法得到各位上的数字，需要从下标为 count-1 的元素处开始逆序存放数字。

（七）定义一个函数，把一个十进制正整数转换成十二进制数（比如月数与年之间的进制就是十二进制），这里数字 10 用 A 表示，数字 11 用 B 表示。在 main() 函数中调用此函数并输出转换的结果。

编程提示：

（1）此题首先要解决的关键问题是如何把一个十进制正整数转换成十二进制的数。根据第一章的知识，把一个十进制整数 m 转换为 K 进制的数据，就是用 K 不断地去除 m，把商变成 m 继续除以 K，直到 m 为 0。每次相除所得余数逆序排列就得到转换后的数据。这可以用一个循环加以实现，每次求出 m%K，且执行 m=m/K;，当 m 为 0 时结束循环。因为是要转换成十二进制，可以依照十六进制的方法，10 和 11 分别用 A、B 表示。

（2）其次要解决的问题是每一次求出的余数 m%K 如何存放。因为这些值在函数被调用后，它的主调函数还要得到这些值。

考虑到主调函数调用被调函数时，如果用一维数组名作为实参，则被调函数执行过程中对数组变量的操作，实质上就是对主调函数数组的操作，因此，在主调函数中定义一个一维字符数组 arr 用于存放转换数据的结果。

在定义被调函数时，定义两个形参，一个用于接收 m 的值，一个用于接收 arr 的值，并在函数中直接用此数组存放 m%12 的值。

因为十二进制数据有 A、B 等数字，所以数组元素定义为 char 型。这就要求在存放 m%12 的值时，按如下规则存放。

如果 m%K==10 为 true，则存入 'A'，如果 m%K==11 为 true，则存入 'B'。如果 m%K 在 0~9 之间，则把此数字转换成对应的数字字符，即把 '0'+m%K 存入字符数组中。

最后一个要考虑的问题是，当调用完此函数后，在主调函数中输出转换后的结果时，要把一维数组中的字符按逆序输出。

（八）定义一个函数，其形参接收一个二维数组名的值，判别这个二维数组中各数据的值，若大于 0 则输出该值，若小于或等于 0 则输出 0 值。

编程提示：

（1）因为不需要函数返回值，所以函数的返回类型定义为 void，函数体中也不用 return 语句；二维数组名作为参数时，一定要写明列的个数，实参和形参的数据类型最好一致，以免后续结果错误。另外，二维数组名只能传递元素的起始地址，函数中并不清楚二维数组的行，因此，还应该把数组行数用形参进行接收。

（2）在函数中用一个二重循环（也可用单循环遍历各个数据），并利用选择语句对二维数组各数据值作相应处理；

（3）main() 函数中，定义一个二维整型数组，调用所定义的函数。

（九）定义一个函数，返回二维数组 a 中的上三角（即数据的行下标小于或等于列下标）各数据之和，在 main() 函数中调用它并输出和值。

例如，a 中的各数据值为：

5,7,2,7

71,7,2,8

15,3,5,3

24,23,2,2

返回结果为 48。

（十）编写一个递归函数，计算并返回 $\sum_{i=1}^{n} i$ 的值。然后在 main() 函数中调用并输出结果。

编程提示：

（1）定义一个函数，定义一个形参接收 n 的值，函数的返回值应该是 $\sum_{i=1}^{n} i$ 结果的类型。所以函数首部定义为：int fun(int n)。其功能为返回 $\sum_{i=1}^{n} i$ 的结果。

（2）因为总问题是 $\sum_{i=1}^{n}i$，那么可以把问题 $\sum_{i=1}^{n-1}i$ 看成是它的规模小一点的问题，注意这个小一点的问题与整个问题的解决方式一致。假设 $\sum_{i=1}^{n-1}i$ 的结果已知，则总问题的结果就是 $\sum_{i=1}^{n-1}i$ 的结果加上 n。用 return 返回这个结果。

（3）编写程序代码时，$\sum_{i=1}^{n-1}i$ 的结果如何表示？只要直接调用定义的函数，并把参数改成 n-1，即代码中，调用 fun(n-1)，它返回的值就是 $\sum_{i=1}^{n-1}i$ 的结果，因此代码 fun(n-1)+n 就是总问题的解。最后考虑最小问题有一个直接的解，这个问题中，最小问题就是 n==1 的值为非 0 时，直接返回 1。

（十一）编写一个递归函数，把一个字符串逆序输出。并在 main() 函数中调用。

编程提示：

（1）该问题可以按如下思路考虑，如果知道这个字符串的长度 len，要把整个字符串逆序输出，则首先输出最后一个字符，然后，把前 len-1 个字符逆序输出即可。

也就是把前 len-1 字符的逆序输出作为整个问题的一个子问题。而前 len-1 个字符的逆序输出只需直接调用定义的函数，并把长度参数修改为 len-1。考虑最小问题，当 len 为 1 时，直接输出下标为 0 的字符即可。

所以这个函数要有两个形参，一个接收字符数组名的值，一个接收该数组要处理逆序输出的长度。

（2）在 main() 函数中，定义一个一维字符数组，并初始化，编程计算它的长度。然后调用递归函数，把一维数组名和长度作为实参。

如果在 main() 函数中，要求给定字符串，直接调用一个函数即可将其逆序输出，不可在 main() 函数体中求长度。可以再定义一个函数，比如，void invert(char char[])。然后在 invert() 函数中先求字符串的长度，然后调用逆序输出的递归函数。这样，main() 函数中实现逆序输出就更简单了，只要直接调用 invert() 函数即可实现。这一过程同时用到了函数的嵌套调用与递归调用。所以适当分解问题，可以使一个函数的编写更加简洁。

（十二）下面代码中的变量 t 和 k 的作用域分别是什么？在 swap() 函数中，第一行的 i 和 for 循环中的 i 是同一个变量吗？ for 循环体中的语句 k=i; 是正确的吗？编译调试后运行程序，并解释为什么输出这样的结果。

```
#include <stdio.h>
int t=100;
int swap(int a[],int n)
{
    int i=50;
    for(int i=0;i<n;i++)
    {
        if(i<5)
        {
            int k=0;
            k++;
```

```
            printf("%d ",a[k]);
        }
        i=k;
    }
    printf("\ni=%d\n",i);
    t=101;
}
int main(void)
{
  int a[10]={1,2,3,4,5,6,7,8,9,10};
  swap(a,10);
  printf("\n t=%d\n",t);
  return 0;
}
```

五、实验注意事项

（1）定义函数时，函数首部的最后不能加 ";"。

（2）在函数体内，不要再对形参进行定义。

（3）实参变量对形参变量的数据传递是"值传递"，但一定要注意实参和形参的数据类型尽量一致，不然，很可能会造成后续程序运行结果不正确或编译不能通过。

（4）二维数组作函数的实参时，实参用数组名，如 fun(array);。但形参中一定要记得标注列数。例如，fun(float array[][N])，这个列数 N 与其对应实参的列数一致。这是因为实参的二维数组名是一个地址值，且指定了其元素的数据类型，这里是"N 个 float 型组成的一维数组"，即 float[N]。因此，如果形参指定的列数 N 与实参的列数不一样，则形参二维数组的元素数据类型就与实参不一样，因为"二维数组名 [行下标]"是以"行下标 × 一个元素数据类型占用的字节数"进行运算的，这样就会造成两者的不一致，很容易出现意想不到的结果。

六、思考题

（1）一维数组 arr 中的元素为：21,4,2,27,3,13,5,14,25,19。定义一个函数，返回该一维数组 a 中值最大的元素下标，并在 main() 函数中输出。

（2）定义一个函数，返回一个二维字符数组中 ASCII 码值最大的那个字符。

（3）定义递归函数，找出一个二维数组中所有数据的最大值并返回。

提示：因为二维数组的数据在内存中是连续存放的，可以用一个一维数组访问，形参可以是"一维数组名 []"，用它来接收二维数组首个数据的地址，也就是实参用"二维数组名 [0]"。

假设二维数组的数据个数为 len，也就是行数 × 列数，则可以用"一维数组名 [i]"遍历二维数组中各数据，i 从 0~len-1。因此，题目要求的整个问题就变成了应用递归函数在一个长度为 len 的一维数组中求最大值并返回。这样的问题转换是非常重要的思维。

递归函数可以这样考虑：如果把小一点的问题看成是求下标从 0~len-2 的一维数组数据的最大值 max，则整个问题的结果就是这个 max 与一维数组名 [len-1] 的最大值，并返回它。最小问题就是 len 的值为 1 时，直接返回"一维数组名 [0]"。

（4）编写一个递归函数，实现某个正整数各位数字的逆序输出。

编程提示：

可先熟悉实验内容的第十一题，先输出 num%10，然后递归调用函数，实参用 num/10。此递归函数的最小问题是 num 为 0，此时直接用 return 返回。

进一步考虑如果是负整数，如何定义递归函数逆序输出，负号放在最右边。对于这个问题，要分正数和负数两种情况进行处理，正数和上述方法一样，对于负数，则应该输出 –num%10，同时，当 num>–10 时表明此时数字只剩下最后一位，所以在输出 –num 的同时，还要输出一个"–"。

（5）编写一个函数，求出两个整数相除的结果（这里指数学中的相除，不是 C 语言中整数除以整数得整数），精确到小数点后 100 位，并在 main() 函数中调用此函数后输出结果。

编程提示：

这里要求精确到小数点后 100 位，所以用 C 语言中的"/"操作符把两数直接相除达不到规定的精度。

可采用如下算法思路。定义一个一维数组存放相除的结果，数组长度定义为 101，第 0 个元素存放结果的整数部分，后续元素存放各小数位。

数组名和两个相除的数作为实参传给定义函数的三个形参。然后用一个循环计算商值。首先把两个整数相除，整数部分存放到数组的第 0 个元素中，然后不断地把余数乘以 10 后与除数相除，商顺序放在数组元素中，一直计算到需要的精确度为止。

例如 14 与 3 相除，先计算 14/3，为 4，放在下标为 0 的一维数组元素中，此时余数为 2，将 2 乘以 10 后，再除以 3，得 6，这个 6 就是第一个小数，放在下标为 1 的数组元素中。同样，余数再乘以 10 除以 3 继续进行同样的操作，不断把商顺序存放到数组元素中。

注意这里没有考虑到小数的第 101 位对 100 位的四舍五入影响，如果考虑的话如何编程，这个可以作为思考题。

考虑当第 101 位大于或等于 5 时，不仅涉及第 100 位上的数字，也可能涉及第 100 位以前的数字，例如第 100 位是 9 的话，第 99 位的数据就要更改，甚至可能要更改到整数部分，例如以前各小数位上的数字都是 9。

（6）假设有一个元素为 int 型的一维数组，定义一个递归函数，返回其最大元素值的下标。

提示：假设前 $n-1$ 个元素（开始处的元素为第 0 个元素）中最大值的下标为 pos，如果 pos 处的元素值比第 n 个元素值大，则返回 pos，否则返回 n；如果 n 为 0 时返回 0。

指　针

一、实验学时

4 学时。

二、实验目的

➤ 掌握指针的概念，会定义和使用指针变量；

➤ 了解或掌握指针与数组的关系，指针与数组有关的算术运算、比较运算；

➤ 学会用指针作为函数参数的方法，掌握其在数组和字符串中的应用；

➤ 学会使用指向函数的指针变量。

三、预习要求

（1）地址和指针的概念。

（2）数组和指针的关系。

（3）字符串和指针的关系，指针数组和指向一维数组的指针。

（4）函数的定义、指向函数的指针、指针函数基本概念。

（5）指针数据类型是一个整体概念，指针类型根据指针指向的数据类型不同属于不同类型的指针。一定注意不同类型的指针之间不可轻易赋值，因为指针的移动和获取指针指向的数据都是由指针指向的数据类型决定的，所以在考虑指针时一定注意它是指向什么数据类型。

（6）在预习时，带着如下问题进行：

① float *p, i; 作为指针 &i 指向什么数据类型？它与指针变量 p 是同一种指针类型吗？

② float a[10]; 数组名 a 表示的数据类型是什么？它作为指针时，指向的数据类型是什么？如果 a 作为指针值，它的数据类型与（1）中的 p 是同一种指针数据类型吗？如果有变量 int *p1，则 a 与 p1 是同一种数据类型吗？ a 指向的数据类型与 p1 是同一种数据类型吗？

③二维数组 float A[20][10];，当 A 作为指针，它指向的数据类型是什么？ A[0]、A[1] 等作为指针，指的数据类型是什么？ 与 float a[10]; 中的 a 指向的数据类型相同吗？

如果有 float b[10];，则 &b 指向一个有 10 个 float 型数据的一维数组，此时，&b 指向的数据类型与 A 指向的数据类型一致吗？

④有 char (*p)[10],ch[30][10];，则 p+1 与 ch+1 指向的数据类型是一样的吗？为什么？

⑤有 char *p[10], ch[20][10];，则 p 作为一个指针类型，它指向的数据类型是什么？在表达式 p+1 中的 1 所加的字节数是根据什么数据类型决定的？ch 作为指针，它指向的数据类型是什么？在表达式 ch+1 中，这个 1 表示要加多少个字节？为什么？如果是 ch[0]+1 呢？

p[0] 的值是一个指针类型，p[0] 指向一个 char 类型，请问 p[0] 变量占 1 字节吗？为什么？表达式 p[0]+1 的值增加一个什么数据类型占用的字节数？

⑥有 char (*fun1)(int x,int y); 和 char (*fun2)(int x,int y,int z)，fun1 和 fun2 都是指针类型且指向一个函数，但它们指向的函数类型是不一样的，因为只有返回值、参数个数、顺序和各参数的类型相同，才属于同一种函数类型。

一个函数的函数名可以作为一个指针值指向该函数的代码区所在地址，这个代码块的数据类型就是一种函数类型。所以如果两个指针指向的函数类型不同，则这两个指针就不是相同的指针类型，如果是指针变量的话，就不能相互赋值。上述指向函数的指针 fun1 的值可以赋给 fun2 吗？为什么？

⑦在对应的形参与实参中，一定要注意形参和实参对应的数据类型尽量要一致。如果两者都是指针类型，但它们指向的数据类型不一致，也认为它们的数据类型不一致。有函数 void cal(int (*fun)(int,int),int a,int b){...} 和函数 float add(int a,int b){...}，则可以把 add 的值传给指向函数的指针 fun 吗？

⑧有 int **p,a[2][3];，这里的 p 是一个指针类型，它指向的数据类型是指针类型，这个指针类型指向一个 int 型。应用 p 时，不仅要考虑到它指向的数据类型，而且还要考虑到 *p 指向的类型。

与 p 不同的是 a 作为指针指向的是一个一维数组，只是这个一维数组是以指针形式存放值，且可以作为一维数组名来使用。

由于 p 和 a 作为指针，直接指向的数据类型不一样，所以 a 和 p 属于不同的数据类型，a 也就不能赋值给 p。

如果有 int x;，则指针类型 p、&x 是同一种指针类型吗？*p 与 &x 是同一种指针类型吗？

⑨虽然定义了 int **p, x=5;，但是不能直接执行 **p = x; 语句。因为执行 int **p 时编译系统只是为 p 指针变量申请了内存空间，用来存放一个指针值，然而此值可能是一个垃圾值，导致 p 指向的内存空间并不能被用于提取数据或存放数据，因此导致 **p 不能被访问，也就不能执行 **p = x;。要解决这个问题：

首先是让 p 指向的空间可以合法地被访问，所以要让 p 指向一个可以存取数据的空间。可以这样做，int *temp;p=&temp;，此时 p 的值就是变量 temp 的地址，这样就解决了 p 值是一个垃圾值导致 *p 不能访问的问题。这里考虑一下为什么 int *temp 不能写成 int temp。

其次，解决 temp 的值也是一个垃圾值的问题，可以这样做：int a;temp=&a;。这样 temp 指向的空间也可以正常访问，到此可以正确执行语句 **p=x;。执行的过程就是先得到 p 的值，即指针变量 temp 的地址值（注意是地址值不是 temp 本身的值），然后通过 *p 得到 temp 变量的值（就是变量 a 的地址值），最后通过 **p 得到 temp 指向的内存空间，即变量 a 的空间，再把 x 放在 a 处。

指向指针的指针通常是通过调整 *p 的值，利用同一条语句把 x 放在不同的空间中。例如前面执行 **p = x; 时把 x 放在 a 中，但如果有变量 b，通过语句 temp=&b; 调整了 temp 的值，同样的语句 **p=x; 则是把 x 的值放在 b 中。这种方式为 C 语言编程带来了相当大的灵活性。

四、实验内容

（一）在 main() 函数中输入两个整数，并使其从大到小输出，用指针变量实现数的比较。

定义两个基本数据类型的变量和两个指针变量，并初始化，使这两个指针变量分别指向两个基本数据类型变量。所以，指针变量定义时所使用的数据类型应该与基本数据类型变量所定义的类型一致。

假设有定义 float a,b; 和定义 float *pa=&a,*pb=&b;，那么，指针变量 pa 指向 a，指针变量 pb 指向 b。现在用 scanf() 函数输入 a、b 的值时，可以用两种方式，一种是 scanf("%f%f",&a,&b);，另一种是 scanf("%f%f",pa,pb);。

这是因为 scanf() 函数中的 "" 后面是接收数据的存放地址，而此时 pa、pb 分别是变量 a、b 的地址。因此，接收到数据之后，就存放在 pa、pb 指向的空间处。

在接收到数据后，比较两个数据的大小，此时应用 if 语句，如果 a<b 为 true，则互换 pa 和 pb 的值。最后用 printf("max=%d,min=%d\n", *p1 ,*p2); 输出结果。

```
#include <stdio.h>
int main(void)
{
    int a,b;
    int *pa=&a,*pb=&b,*temp=0;
    printf("please input two integers:\n");
    scanf("%d%d",pa,pb);
    if(a<b)        // 如果 a 比 b 小，则让 pa 和 pb 的值互换，使它们指向的数据互换
    {
```

```
        /* 补充代码 */
    }
    printf("a=%d,b=%d\n",a,b);
    printf("max=%d,min=%d\n",*pa,*pb);
    return 0;
}
```

加入代码后，运行并给出结果。如果上述用从键盘接收数据的语句写成：

```
scanf("%d%d",&a,&b);
```

其余代码不变，会产生不同的结果吗？为什么？

（二）编写一个函数，当主调函数调用它时，可以使主调函数中的两个变量实现数据互换。写出验证的程序代码。

编程提示：

此题只要让被调函数接收主调函数中指向两个数据的指针，在被调函数中应用指针互换值。因为形参得到的是主调函数两个变量的指针值，因此，被调函数中"* 指针值"实质上就是主调函数中对应的变量。被调函数对其值的改变并不因被调函数执行完毕作用失效。可以自己画内存示意图进行理解。

```
#include <stdio.h>
void swap(int *p1,int *p2)        // 注意形参的数据类型
{
    /* 补充代码，实现 p1 和 p2 指向数据的互换 */
}
int main(void)
{
    int a,b;
    scanf("%d,%d",&a,&b);
    // 写出代码调用 swap() 函数，注意实参如何写
    rintf("\n%d,%d\n",a,b);
    return 0;
}
```

（三）用指针和 ++ 运算符输出一维数组的全部元素。

编程提示：

（1）假设一维数组的元素类型是 Type（自己设定是 int 还是 float 等数据类型），则定义一个指向 Type 类型的指针变量 p。因为一维数组名作为指针指向它的第一个元素，且类型是 Type，所以可以用 p=a; 把第一个元素的地址赋给 p，*p 就是下标为 0 的数组元素。而执行 p++; 后 p 就指向一维数组的下一个元素。

（2）用一个循环，就可以遍历所有一维数组的元素。首先把 a 赋给 p，然后输出 *p，

然后执行 p++，使 p 指向下一个元素。

（四）定义一个二维字符数组，输入三个字符串，并按从大到小的顺序输出。用指向字符的指针进行处理。

编程提示：

在 main() 函数中，应用 strcmp() 函数比较两个串的大小，遵循如下方法，就可以实现按从大到小的顺序排序；

（1）如果 strcmp(str1,str2)>0 为非 0 值，则互换这两个串。

（2）如果 strcmp(str1,str3)>0 为非 0 值，则互换这两个串。

（3）如果 strcmp(str2,str3)>0 为非 0 值，则互换这两个串。

我们发现，这样每一次比较出大小后，要做串互换。如果直接写代码，要写三次相同的互换串的代码，所以，字符串的互换可以直接定义一个函数完成，上面的三次互换直接调用这个函数即可减少代码的书写量，并且能让程序代码易于阅读和修改。

定义 swap() 函数，功能是实现两个字符串的互换，用两个指向 char 类型的指针变量作为形参，在函数体中，应用一个一维字符数组中间变量，利用 strcpy() 函数进行互换。这与前面的两个整数互换方式相同，只是不像整数互换那样，可以直接用 = 赋值，因为这里是字符串，所以要用 strcpy() 函数把一个字符串赋给另一个字符串。

因为本题要求用二维数组存放三个字符串，假设这个二维数组名为 str，则 str[0]、str[1]、str[2] 就分别可看成是三个串的串名，也是三个串的首地址。

（4）用一个循环或三个输出字符串语句输出排序后的串。输出串可以用 puts(串的首地址);。

根据上面提示，编写出相应的程序代码，并调试运行，输出结果。

（五）阅读下列程序代码，解释指向一维数组的指针的意义。

定义一个指向一维数组的指针变量，这个变量也是一个指针类型，不过它指向的类型是一个一维数组，因为不同长度并且一维数组元素数据类型不同的被认为是不同的类型，因此，在定义一个指向一维数组的指针变量时，需要指定数据类型和数组元素的大小。例如，float (*p)[6]；表示 p 指向一个有 6 个 float 数据类型的一维数组。p 在接收一个指针值时，要尽量保证该指针值也指向一个有 6 个 float 数据类型的一维数组，以便类型一致。阅读下列代码，并回答注释中的问题。

```c
#include <stdio.h>
int main(void)
{
    int arr[6] = {1,2,3,4,5,6};
    int*ptr = arr;
    int(*arrptr)[6]=&arr;
```

```
        printf("ptr Bytes:%x arrptr Bytes::%x\n",sizeof(ptr), sizeof(arrptr));
        /* 这里要注意，*ptr 是 int 类型，*arrptr 是 int[6] 类型，不过 ptr 和 arrptr 都
是指针变量。*arrptr 与 arr 的数据类型一致吗，为什么？*/
        printf("*ptr Bytes:%x*arrptr Bytes:%x\n",sizeof(*ptr),
sizeof(*arrptr));
        // 下面是使用指向一维数组的指针访问数组元素，求出一维数组各元素的和及乘积
        int sum=0;
        int product=1;
        for(int i=0;i<6;i++)
        {
            /* 下条语句 *arrptr 可以作为数组名，其值是地址。*arrptr 指向的数据类型是什么？*/
            sum+=(*arrptr)[i];
            /*
            下条 arrptr[0] 和 *arrptr 是同类型的指针值吗？为什么？
            */
            product*=arrptr[0][i];
        }
        printf("sum:%d\tproduct:%d\n",sum,product);

        // 下面是利用指向一维数组的指针对二维数组进行编码的实例
        int matrix[3][6] = {
            {11,12,13,14,15,16},
            {17,18,19,20,21,22},
            {23,24,25,26,27,28}
        };
        // 指向一维数组的指针指向一个一维数组，也就是二维数组的一个元素
        arrptr = matrix;            // 也可以写为 arrptr=&matrix[0]
        arrptr[0][0]++;             // 相当于 matrix[0][0]++，是对第一个数据本身加 1
        printf("matrix[0][0]:%d\n",matrix[0][0]);
        (*(arrptr + 1))[0]++;       // 相当于 matrix[1][0]++，为什么？
        printf("matrix[1][0]:%d\n",matrix[1][0]);
        arrptr[2]++;                // 这样写对吗？为什么？
        printf("matrix[2][0]:%d\n",arrptr[2][0]++);
        return 0;
    }
```

注意到表达式 (a)[(b)] 这样的数组形式，如 (*(arrptr+1))[0]，a、b 只要一个是地址，一个是整数，它表示的变量就是 *((a)+(b))。

在 C 语言中，只要有一段内存，并且这段内存存储的内容具有固定的数据类型，就可以定义一个指向它的指针，数组就是这样的一种类型。这也就决定了数组必须指定大小和每一个数据的类型，才能形成固定的内存大小，不同元素其组成的个数不同就不是同一种数据类型。

（六）定义一个函数，用指向一维数组的指针作为形参，求出一个二维数组中各列的和，并把结果存放在一个一维数组中，带回到 main() 函数中，并输出。

编程提示：

要用一维数组存放各列的和值，可以在 main() 函数中定义一个元素个数与二维数组列数一样多的一维数组，并把数组名作为指针传给被调函数。

假设 main() 函数中定义的二维数组为 float martrix[M][N]，则一维数组就可以定义为 colsum[N]，记得赋初值为 0。所定义的函数形参为 float (*arr)[N]，float sum[]，int row。arr 接收实参 maxtrix 的值，sum 接收实参 colsum 的值，row 接收二维数组的行数。

在所定义的函数中，用一个二重循环来求各列的值：

```
for(col=1;col<N;col++)
    for(i=0;i<row;i++)
        sum[col]+=arr[i][col];
```

第 i 行第 col 列的值有非常多的写法，arr[i][col] 只是一种，大家可以灵活去写。例如写成 (*(arr+i))[col]、*(*(arr+i)+col)、col[*(arr+i)] 都可以。这里并不强调写法的多样性，提示的目的是熟悉数组表达式的本质，如果遇到这样的写法，要能看懂。

在主函数中调用被调函数后，直接输出 colsum 数组各元素的值，因为执行被调函数时，sum[col]+=arr[i][col]; 对 sum[col] 的改变就是对数组 colsum 数组元素的改变，因为 sum 的值就是 colsum 的值。

（七）有一个一维数组 arr，其元素个数为 $5 \times N$ 个，类型为 float，把这些元素顺序分成 5 个一组，取出每组的开始元素的首地址，存放到一个一维指针数组 float* ptr[N] 的元素中，并利用 ptr 数组输出 arr 中每一组开始元素的值。

编程提示：

一维指针数组实质上就是一个一维数组，所有性质均与用基本数据类型定义的一维数组一样，只是这种数组中的每个元素存放的是指针值，并且这个指针值指向的数据类型是定义指针数组时所用的类型。

因此，对于上述问题，可以用一个循环，循环变量 i 从 0~N，在循环体中执行语句 ptr[i]=arr+i*5;，这样指针数组 ptr 的元素分别指向 arr 数组中各组的首元素。

接下来通过一个循环利用 ptr 数组输出 arr 中每组首个元素的值。下面的循环不能输出 arr 中每一组开始元素的值，正确的代码如何写？

```
for(int i=0;i<N;i++)
    printf("%d",ptr[i]);
```

进一步编程实现：输入一个组号（0~N–1 中的一个数），利用 ptr 数组把 arr 中在该组中的所有数据输出。

（八）定义两个函数，一个函数求一个字符串长度并返回，别一个函数求一个字符串中英文字母的个数并返回。要求用"函数指针"调用这两个函数，结果在主函数中输出。

编程提示：

定义两个函数，这两个函数的返回类型均可以用 unsigned，形参定义为 char *str。因为这两个函数的返回类型、形参个数、数据类型以及形参顺序均相同，属于同一种函数类型。

因为函数名也可以作为一个指针，存放的是函数代码区的入口地址，所以在 main() 函数中，定义一个指向函数的指针变量，返回类型及形参与定义的两个函数相同，想要调用哪个函数，就把函数名的值赋给这个指针变量。实例代码：

```c
#include <stdio.h>
unsigned Mystrlen(char *str)                // 求字符串长度
{
    unsigned i=0;
    for(i=0;str[i]!='\0';i++);
    return i;
}
unsigned charNUm(char *str)                 // 求英文字母的个数
{
    unsigned num=0;
    for(int i=0;str[i]!='\0';i++)
    {
        if((str[i]>='a' && str[i]<='z') ||
            (str[i]>='A' && str[i]<='Z'))
        num++;
    }
    return num;
}
int main(void)
{
    unsigned (*fun)(char*);
    char str[100]="fieldfkeijdslfsd dfidf w";
    int len,Num;
    fun=Mystrlen;       // 把函数名作为左值赋给指针变量。这里可以赋值是因为
                        //fun 和 Mystrlen 作为指针指向的函数类型一致
    len=(*fun)(str);    // 调用函数
    fun=charNUm;
    Num=(*fun)(str);
    printf("len=%d\n",len);
    printf("Num=%d\n",Num);
    return 0;
}
```

仔细阅读上面的代码，掌握函数名和指向函数的指针的意义。

本题任务：定义另外一个函数，功能是接收一个函数名的指针值和一个串，能根据

接收到的函数指针返回该串的长度或者是英文字母的个数。如果主调函数把 charNUm 作为实参传给它，则返回串的英文字母个数，如果把 Mystrlen 传给它，则返回串的长度。

五、实验注意事项

（1）注意一维数组名作为指针、二维数组名作为指针、指针变量、变量地址指向的数据类型。

（2）注意实参传递给形参的值是指针类型时，函数调用后，如果改变了形参指向的对象值，实质上就是改变主调函数对应实参指向对象值，可画内存图加深印象。

（3）指向一维数组的指针变量与指针数组是不同的。前者是一个指针变量，指向的数据类型是一维数组，后者是定义了一个数组，数组中各数据单元中存放指针类型的数据，利用这些值时要考虑到它们指向的数据类型。

（4）指向函数的指针指向函数的代码区入口地址。如果定义了指向函数的指针变量，并且确定了形参类型和个数，则这个指针变量通常只能被有相同类型的函数名赋值，否则调用时很可能出错。但如果在定义一个函数指针变量时，没有形参，则这个函数指针变量可以指向不同形参类型的函数，但一般要求这些函数的返回类型一致。

六、思考题

（1）有定义 int A[4][3]={2,4,6,8,10,12,14,16,18,20,22,24}, *p1,**pa;，回答下列问题：

①数组类型是一个统称，元素的数据类型或个数不同，属于不同的数据类型。A、*A、A[i] 的数据类型分别是什么？ A、*A、A[i] 作为指针指向的数据类型分别是什么？如果一个一维数组 int B[3];，则 &B 作为指针指向的数据类型是什么？ 它与 A 表示的数据类型相同，还是与 A 作为指针指向的数据类型相同？

②pa 指向的数据类型是什么？ *pa 指向的数据类型是什么？ 如果有 int x;，则 &x 作为指针指向的数据类型是什么？ 它与 pa 指向的数据类型相同还是与 *pa 指向的数据类型相同？

③语句 pa=A;、p1=*A;、p1=pa;、p1=*pa; 中哪些是正确的，哪些是错误的，为什么？

④执行语句 p1=A[2]+1;，则 p1[2]、2[p1] 以及 2[p1+1] 分别是什么？

⑤有了定义后，直接执行语句 **pa=2; 是正确的吗？ 为什么？ 直接执行语句 pa=A[1]; 和 *pa=A[1]; 对吗？ 为什么？

⑥有指向一维数组的指针 int (*ptr)[3];，则 ptr 指向的数据类型是什么？ ptr=A+1; 是对的吗？ 为什么？ 在执行完 ptr=A+1; 后，ptr 指向的数据类型是什么，*ptr 又是什么？

⑦一维数组中的元素值可以用"数组名 [下标]"或"下标 [数组名]"来获取，它的本质实质上就是 *（数组名 + 下标），数组名确定初始地址和指向的数据类型，下标是个数，因此，（数组名 + 下标）得到下标处元素的地址。对于二维数组"数组名 [下标]"也得到它的下标处的元素地址，只不过因为元素的数据类型是二维数组的一行，即一

个一维数组，因此，*（数组名＋下标）得到的是该行的首地址，这个地址指向二维数组一个数据的类型，即二维数组定义时的基类型。指出 A[4][3] 中，A[0]、0[A] 指向的数据类型，它们同样可以作为一个一维数组的数组名。根据这一原理，指出 (0[A])[2]、A[0][2]、(3[A])[2]、A[3][2] 的值。

⑧把 A 作为实参传给一个形参 ptr，该形参指向一个一维数组。形参正确的定义是什么？写出两种不同的形参方式。此时，在定义的函数中，ptr 是作数组名用，还是作指针变量名用？ ptr[i][j] 这样的形式，是如何计算得到 int 型数据的，写出详细步骤。

（2）现有函数首部 float fun1(int a,int b) 和 float *fun2(int a,int b)，回答下列问题：

① fun1 和 fun2 作为指针指向的函数类型相同吗？为什么？

②有定义 float (*pfun)(int,int);，则 pfun 指向的函数类型与 fun1 指向的函数类型相同还是与 fun2 指向的函数类型相同？为什么？

（3）有定义 float *ptr;，为什么不能立即使用引用 *ptr 进行赋值，比如写成 *ptr=5.2f;？有定义 float a,*ptr=&a;，则 &a 是赋给变量 ptr 还是赋给 *ptr?

如果是写成 float a,*ptr; *ptr=&a;，则 &a 是赋给变量 ptr 还是赋给 *ptr? 并且说明这样的赋值为什么有的编译器会给出错误提示。

（4）有定义 char *p[4]={"China","Math","Hello world","Student"};，则 p 指向的数据类型是什么？ p[0] 指向的数据类型是什么？ p+1 指向哪个单词的首地址。如果用 printf() 函数输出 "Hello world",如何写代码？ *p 指向的数据类型是什么？ *p+1 指向哪个字符？如何用 puts() 函数输出"Hello world"中的"world"？

（5）有 char p[4][20]= {"China","Math","Hello world","Student"};，则 p 指向的数据类型是什么？ p[0] 指向的数据类型是什么？ p+1 指向哪个单词所在的行？如果用 %s 输出 "Hello world"，用 printf() 函数如何写代码？ *p 指向的数据类型是什么？ *p+1 指向哪个字符？如何只用 puts() 函数就能输出 "world"? 这里 p+1 所加的字节数是多少？为什么？

（6）定义一个函数，实现两个矩阵的乘积。

提示：形参可定义 6 个，其中 3 个为指向一维数组的指针，前两个接收两个相乘的二维数组首地址，后一个接收存放结果的二维数组首地址。并在 main() 函数中调用该函数，然后输出结果矩阵的值。

（7）一个一维数组有 10 个元素 {1,8,10,2,–5,0,7,15,4,–5}，利用指针作为函数参数，带回数组中最大和最小的元素值以及它们的下标。注意，用形参的方式带回。

提示：考虑如果形参接收的是主调函数中某个变量的地址值时，那么，在被调函数修改"＊地址值"的值，则主调函数中变量的值也随之改变。

（8）在 main() 函数中定义两个二维字符数组，一个存放班级学生的姓名，另一个存放每个学生三门课的成绩。再定义一个函数，用选择算法按总分从高到低排序。然后，在 main() 函数中调用该函数，按学生三门课的总分从高到低输出姓名、各课程成绩以及总分。

（9）有一维指针数组 char *name[10];，则 name 作为指针指向的数据类型是什么？现在有一个字符二维数组 char name_copy[10][10]={"wang","jiang", "zheng", "hong", "wei", "zhang","li","zhao","sun","qian"};，则 name_copy[1] 作为指针指向的数据类型是什么？可以把 name_copy[1] 的值赋给 name[1] 吗？如果可以，则请用 name 数组输出 char_copy 中所有的串值。

（10）在第 9 小题中，name+i 与 name+i+1 作为指针值相差多少？name_copy[i] 与 name_copy[i+1] 之间相差多少字节？如果把 name_copy[10][10] 改成 name_copy[10][12]，它们之间相差多少字节？说明理由。

（11）有定义 char* p1[10]; 与 char **p2;，p1 作为指针与 p2 指向的数据类型相同吗？语句 p2=p1; 正确吗？p1=p2; 正确吗？分别说明原因。上述两个定义完成后，立即执行语句 *p2=p1[0]; 是否有错误，为什么？试画内存图进行分析。

（12）有定义 char* p1[10]; 和 char (*p2)[10];，作为指针，p1 和 p2 指向的数据类型分别是什么？p1+1 与 p2+1 中的加 1 是增加相同的字节数吗？为什么？

（13）所有指向函数的指针变量之间均可以赋值吗？为什么？所有指向一维数组的指针变量之间可以赋值吗？为什么？如果一个形参定义为指向一个一维数组的指针变量，则在一般的 C 语言编译系统中，是不是一定要与实参指向的数据类型一致？为什么编程时要尽量做到一致。

（14）形参 int (*Arr)[N] 和 int Brr[][N]（N 为大于 0 的整数），两者效果一样吗？Brr 是数组类型还是指针类型？

定义一个函数，把一个二维数组中所有数据复制到另一个二维数组（两个数组行列数均相同），形参要求是指向一维数组的指针变量。然后在主调函数中调用定义的函数，并输出这两个二维数组中所有的变量值。

（15）定义一个函数，功能是把一个二维数组复制到另一个大小相同的二维数组中，要求这个函数适用于不同数据类型的变量，最后在 main() 函数中调用测试。

编程提示：

应用指向 void 型的指针和内存复制函数。

（16）定义一个函数，求一个二维矩阵中每一行的方差值，并在主调函数中输出这些方差值。

（17）从键盘上输入 10 个整数存放到一维数组中，将其中最小的数与第 0 个数对换，最大的数与最后一个数对换。要求：①进行数据交换的处理过程编写成一个函数；②函数中对数据的处理要用指针实现。

（18）编写一个函数，函数的功能是移动字符串中的内容。移动的规则如下：把第 1 到第 m 个字符，顺序移动到字符串的最后；再把第 m+1 到最后的字符顺序移动到字符串的前部。例如，字符串中原来的内容为：ABCDEFGHIJK，m 的值为 3，则移动后，字符串中的内容应该是 DEFGHIJKABC。在主函数中输入一个长度不大于 20 的字符串和平移的值 m，调用函数完成字符串的平移。要求用指针方法处理字符串。

（19）应用 rand() 函数随机初始化一个大小为 480×640 的二维数组 img，其变量值设定为 0~255 的整数；输入一个矩形的左上坐标和右下坐标（大小不超过数组的行数和列数），再定义一个二维数组 mask，其大小与 img 相同，且初始化为 0。完成下列任务：

①定义一个函数，把 mask 在矩形范围内的变量均变成 1，其余不变。

②定义一个函数，把 img 与 mask 进行点乘（即 img[i][j]*mask[i][j]），结果存入 img 中。

③为保证点乘后，img 中的值维持不变，定义一个函数，把 img 与 mask 进行点乘的结果存入另一个二维数组中，并可以在主调函数中应用这个点乘的结果。

（20）定义一个函数，功能是将一个字符串从第 m 个字符开始的剩余字符复制到另一个字符串。在 main() 函数中调用此函数，并将该新字符串输出。要求：

①用指针作为形参。

②复制串时不能用循环语句，直接用 strcpy() 函数。

提示：考虑 strcpy() 函数形参的实际意义是指定复制开始时的地址。

结 构 体

一、实验学时

2 学时。

二、实验目的

➢ 掌握结构体类型变量的定义和使用；

➢ 掌握结构体类型数组的概念和使用，以结构体变量作为函数参数；

➢ 掌握 malloc、realloc、free 等处理申请和释放内存空间函数的使用方法；

➢ 掌握链表的概念，初步掌握对单链表进行简单操作的算法。

三、预习要求

（1）在 C 语言中，结构体是一种数据结构，是一种派生数据类型，它可以由一个或多个成员构成，体现出所研究对象的属性内在联系。

结构体是一些元素的集合，这些元素称为结构体的成员，如学生学号、姓名、性别、年龄、各科成绩等。可以是不同的数据类型，既可以是字符型、长整型、短整型、实型等数据类型，也可以是数组类型、结构体类型、指针类型等数据类型。例如：

ID	name	sex	age	score
10010	Li fum	m	18	88.5
整型	字符数组	字符	整型	实型

依据此定义的一种结构体类型如下：

```
struct student
{
    int num;
    char name[20];          // 结构体成员是一个一维数组
    char sex;
    short int age;
    float score;
};
```

上面定义了一个结构体类型，struct 是关键字，结构体类型是 struct student。其中有 5 个成员变量。

（2）结构体类型不同于基本数据类型的特点：①由若干项组成，每个项称为一个结构体的成员。②结构体类型可由编程人员自己根据情况定义形成，一旦定义，可以理解为在可使用的范围内，C 多了一种新的数据类型。可以用它来定义一个这种类型的基本数据类型变量、数组或指针变量等。③定义结构体类型时，它的成员类型可以是结构体类型，这是一种嵌套定义的形成，这样使得结构体类型可以表达更加复杂的属性之间的关系。

定义了结构体类型，就可以用这种数据类型定义变量。例如：

struct student stu;、struct student *stu;、struct student stu[10];、struct student *stu[5];、struct student (*stu)[5];。

这些结构体类型变量的形式与定义基本数据类型的变量一样，只是现在的数据类型是 struct student，而不是像 int、float 等数据类型。

同样的，一旦定义了结构体类型的变量，系统也为这些变量分配内存空间以存放变量的数据。要注意的是结构体类型的变量，如 struct student stu; 中的 stu，内存所分配给它的空间并非一定是各成员变量空间的总和。

结构体类型与数组类型、指针类型一样也是一个统称，用不同结构体名称定义的结构体类型属于不同的数据类型，即使定义的成员变量顺序、数据类型相同也属于不同的数据类型，变量包括指针变量之间不能赋值。

（3）malloc() 函数申请的空间是在堆区中，它要到程序结束后才能被释放。手工释放用 free() 函数，但被释放的空间还是有可能被利用的，这称为野指针，因此，在释放完成以后，一般把相应指针值赋成 0。

realloc() 是对 malloc() 函数申请空间大小的调整，调整后的内存空间原有数据不改变，但必须指出的是 realloc() 函数得到的内存空间并不一定是 malloc() 函数原有的内存空间。realloc() 函数空间可能另外换了空间，只是把 malloc() 函数原有空间的数据复制过去了。因此，调整空间时，realloc() 函数返回的值必须由指针变量接收。

（4）单链表中的结构体类型成员有指向本身结构体类型变量的指针，其值用以连接其后的结点，以形成链表。

四、实验内容

（一）有 3 个学生的数据记录，每个记录有学号、姓名和三门课的成绩。现要求编写一个函数 print()，功能是输出一个学生的三门课成绩。在 main() 函数中，输入这些学生记录的数据，并调用 print() 函数输出这些记录。

编程提示：

（1）可以定义一个结构体类型，成员分别为 unsigned ID; char name[20]; 因为一个人有三门课，所以可以用一个元素个数为 3 的一维数组作为成员。定义的实例如下：

```
struct student
{
    unsigned ID;
    char name[20];          // 存放姓名
    float score[3];         // 这个一维数组，存放三门课的成绩
};
```

如果把三门课的成绩设定为三个简单变量也可以，如下代码所示。但代码当中的引用方式就会发生改变。

```
struct student
{
    unsigned ID;
    char name[20];          // 存放姓名
    float score1,score2,score3;
};
```

（2）程序源代码如下，请补充：

```
#include <stdio.h>
#include <stdlib.h>
struct student
{
    unsigned ID;
    char name[20];                  // 存放姓名
    float score[3];
};
void print(struct student stu)  // 注意此处形参的写法
{
    printf("%d%s%5.1f%5.1f%5.1f\n",stu.ID,stu.name,\
            stu.score[0],\
            stu.score[1],\
            stu.score[2]   // 注意一行结束加一个空格，然后输入 \，表示此行未
                           // 结束，下一行接着输入
    );
}
int main(void)
{
    struct student stu[3];
    for(int i=0;i<3;i++)
    {
        printf("Please enter the student ID of the%d-th student:\n",i+1);
        scanf("%d",&stu[i]. ID);
        fflush(stdin);          // 注意这里清空缓冲区内容，为什么
        printf("Please enter the student name of the%d-th student:\n",i+1);
        gets(stu[i].name);
        printf("Please enter the scores of the 3 courses of the%d-th
student:\n",i+1);
        scanf("%f%f%f",stu[i].score,stu[i].score+1,stu[i].score+2);
        // 注意此处 scanf 地址列表的写法，为什么不用 &
    }
    // 补充代码，调用 print() 函数输出三个学生的信息
    return 0;
}
```

运行并保留结果。

如果结构体定义如下：

```
struct student
{
    unsigned ID;
    char name[20];                    // 存放姓名
    float score1,score2,score3;
};
```

改写上面的程序代码，运行并保留结果。

（二）有动物园动物信息，定义的结构体如下：

```
typedef struct animal
{
    int No;                           // 动物类型编号
    char name[20];                    // 动物名称
    int count;                        // 此动物数量
}Animal;
现有定义的函数，功能是输出一种动物信息。
void print(Animal *ptrAnimal)          // 注意此处形参是指针变量
{
    /* 补充代码，输入一种动物的信息 */
}
```

在 main() 函数中编写代码，输入 5 种动物的信息，并调用此函数输出所有信息。

（三）定义了结构体：

```
typedef struct cof
{
    float ecof;
    struct cof *next;
}Cof;
```

定义函数 Append()，功能是在一条单链表的尾部加入一个结点。再定义一个 print() 函数，功能是输出链表所有结点中的 ecof 成员变量值。

在 main() 函数中，创建一条有 5 个结点的单链表。方法是应用一个循环，循环体内，首先用 malloc() 函数新建结点，输入成员变量 ecof 的值，然后通过调用 Append() 函数把它追加到链表中。在循环结束后，调用 print() 函数输出各结点的 ecof 值。

编程提示：

（1）假设主调函数是 main()，则新建一个结点时，用 malloc() 函数申请内存空间后注意把 next 的值赋成 0。这样，此结点追加到链表后，使得链表的最后结点的 next 值为 0，以便后续对链表的操作。

（2）定义 Append() 函数时，要注意返回类型为 Cof *。因为如果新建的是第一个结点，head 此时为 NULL，要把这个结点的首地址赋给 head，并把它返回给主调函数。其他情况下的追加，用一个循环，直接找到链表的最后，并把新建结点的地址，赋给链表最后一个结点的 next 成员。所以 Append() 函数的形参要有两个，一个是 head，一个是指向追加结点的指针变量。

（3）在 main() 函数中调用完 print() 函数后，要用 free() 函数释放所有用 malloc() 函数申请的空间，同时把释放结点的指针值赋成 0，以防止出现野指针。

五、实验注意事项

注意相同结构体类型变量之间可以直接用 = 赋值，实参可以用结构体类型变量传给形参，不需要成员之间分别赋值或传值。

用不同的结构体名称定义变量均属于不同的数据类型，它们之间不能赋值，即使它们的成员变量定义相同，甚至定义的顺序相同，也属于不同的结构体类型。

六、思考题

（1）有结构体类型：

```
struct date
{
    int   year;
    int   month;
    int   day;
};
```

定义两个这种结构体类型的变量，输入它们的值，并输出。

又有结构体类型：

```
typedef struct PersonList
{
    char name[20];
    char sex;
    struct date birthday;
} Person;
```

试编程输入一维数组 struct PersonList person[3] 各元素的值，并输出。如果 struct PersonList person[3] 写成 Person person[3]，效果一样吗？为什么？

（2）定义结构体类型如下：

```
typedef struct PersonList
{
    char name[20];
    char sex;
    struct date  birthday;
} Person;
```

定义一个函数，返回两个 Person 类型变量间隔的天数。并在 main() 函数中调用此函数，然后输出天数。注意，间隔天数的计算首先要确定年份中是不是闰年，然后才好确定相隔的天数。

可以试着多人合作完成这个题目，有人写 main() 函数体的内容，有人编写计算相隔天数的函数，有人编写判断年份的函数，有人统一设计各个函数要完成的功能，并设计它的名称、参数等。

（3）定义一个标签名为 student 的结构体类型，成员有学号、两门课成绩以及总分。再定义两个函数，一个用于计算一维数组各元素（数据类型为 struct student）的总分，另一个用于把一维数组（元素数据类型为 struct student）根据总分排序。

在 main() 函数中，定义一个该结构体类型的一维数组，输入学号和两门课的成绩，先调用第一个函数求数组各元素的总分，再调用排序函数根据总分排序，最后输出排序后的一维数组所有元素的成员数据。

（4）设有 10 名学生参加某比赛，有 6 名评委打分（采用 10 分制），每个学生的数据用一个结构体类型组织，例如：

```
struct student
{
    long ID;                //学号
    float score[6];         //评委打分
    float avg;              //存放一个学生的最终得分
}
```

定义一个函数，计算每个学生的最终得分（规则是扣除一个最高分和一个最低分后的平均分，最终得分保留 2 位小数）。再定义一个函数，按最终得分由高到低的顺序输出每名学生的编号及最终得分。在 main() 函数中，首先输入得分，然后调用第一个函数计算每一个学生的最终得分，再调用第二个函数输出排序后的学号和最终得分。

（5）有结构体类型：

```
typedef struct student
{
    long ID;
    unsigned short cof[3];
    struct student *next;
}Link,*LinkList;
```

定义三个 struct student 类型的变量，并对其数据域成员变量赋值，然后把它们链接成一个单链表，并输出。

（6）在第 5 题中，如果有定义 LinkList p[3];，则 p 作为指针指向什么数据类型？现有三个 Link 类型数据需要存放到内存中，而需要把各数据的首地址存入 p 数组元素中，则如何在不另外定义变量的情况下，输入三个变量数据域的值，说明原因，并编程实现。

提示：可用 malloc() 函数申请内存空间，并把返回的值经强制类型转换后赋给数组 p 的各元素。

（7）定义一个结构体类型：

```
typedef struct person
{
    long ID;                    //编号
    char VisitTime[20];         //时间
}Person;
```

用于存放一个来访者的编号和时间。编号和时间由键盘输入，当 ID 值为 0 时，结束输入，如果不为 0，继续申请内存空间输入来访者的信息，最后输出全部来访者的信息和来访的总人数。

（8）建立一个单链表，在它的头和尾部各增加一个结点，并输出。

（9）定义一个结构体类型：

```
typedef struct list
{
    char name[12];
    double MathScore;
    double CScore;
    double totalScore;
}List;
```

定义一个元素数据类型为 List 的一维数组，定义四个函数，分别完成：①输入数组中各元素前三个成员变量的值；②计算各元素中的 totalScore，即 MathScore 和 CScore 的和；③输出各元素的成员值；④输出 totalScore 为第二名的学生信息。

（10）定义一个结构体类型：

```
typedef struct Polynomial
{
    int item;                   //用于存 x 的指数
    double cof;                 //用于存项的系数
    struct student *next;
}Link,*LinkList;
```

创建单链表，存放多项式 $a_0+a_1x+a_2x^2+a_3x^3+a_4x^4$ 的各个系数（a^i 为 0，不建立结点），编程实现两个这样的多项式相加，各系数和指数由键盘输入，并输出。

实验十二

文　件

一、实验学时

2 学时。

二、实验目的

➢ 掌握文件、流、流指针的概念；

➢ 学会使用文件打开、关闭、读、写等文件操作函数；

➢ 学会对文件进行简单的操作。

三、预习要求

（1）熟悉流指针。

（2）熟悉文件的打开、关闭以及文件的读写操作函数。

四、实验内容

（一）将一个磁盘文件复制到另一个磁盘文件。

```
#include <stdio.h>
#include "stdlib.h"
int main(void)
{
    FILE*in,*out ;                         // 定义指向流的指针
    char ch,infile[10],outfile[10];
    printf("Enter the infile name:\n");
    scanf("%s",infile);
    printf("Enter the outfile name:\n");
    scanf("%s",outfile);
    if((in=fopen(infile,"r"))==NULL)       // 判断打开文件是否正确, 读操作
    {
        printf("cannot open infile\n"); exit(0);
    }
    if((out=fopen(outfile,"w"))==NULL)
    {
        printf("cannot open outfile\n"); exit(0);
    }
```

```
        // 判断流文件位置指示符是否设置结束标识，如果没有，则循环读文件 in 的字符并写入
到文件 out 中
        while(!feof(in))
          fputc(fgetc(in),out);
        fclose(in);              // 关闭文件
        fclose(out);
        return 0;
    }
```

运行情况如下：

```
Enter the infile name:
file1.dat ↵    （输入原有磁盘文件名）
Enter the outfile name:
file2.dat ↵    （输入新复制的磁盘文件名）
```

程序运行结果是将 file1.dat 文件中的内容复制到 file2.dat 中。可以用下面的命令验证：

```
c:\ >type file1.dat
computer and c      （file1.dat 中的信息）
c:\>type file2.c
computer and dat    （file2.dat 中的信息）
```

以上程序是按文本文件方式处理的。也可以用此程序复制一个二进制文件，只需将两个 fopen() 函数中的 "r" 和 "w" 分别改为 "rb" 和 "wb" 即可。

仔细阅读上述代码，将 file1.dat 文件中的信息输出到显示器中（应用指向标准文件的流指针 stdout）。

（二）阅读以下程序，回答问题。

```
#include <stdio.h>
int main(void)
{
    short a=0x253f,b=0x7b7d;char ch;
    FILE *fp1,*fp2;
    fp1=fopen("c:\\file1.bin","wb+");
    fp2=fopen("c:\\file2.txt","w+");
    fwrite(&a,sizeof(short),1,fp1);
    fwrite(&b,sizeof(short),1,fp 1);
    fprintf(fp2,"%hx%hx",a,b);
    rewind(fp 1);
    rewind(fp2);
    while((ch=fgetc(fp1))!=EOF)
        putchar(ch);
    putchar('\n');
    while((ch=fgetc(fp2))!=EOF)
        putchar(ch);
```

```
        putchar('\n');
        fclose(fp 1);
        fclose(fp2);
        return 0;
    }
```

（1）思考程序的输出结果，然后通过上机运行加以验证。

（2）将两处 sizeof(short) 均改为 sizeof(char) 结果有什么不同，为什么？

（3）将 fprintf(fp2,"%hx%hx",a,b) 改为 fprintf(fp2,"%d%d",a,b) 结果有什么不同？

（三）修改以下程序，实现将指定的文本文件内容在屏幕上显示出来，命令行的格式为：display filename.txt（注：display 是源程序文件的文件名）。

```
#include<stdio.h>
#include<stdlib.h>
int main(int argc, char* argv[])
{
    char ch;
    FILE *fp;
    if(argc!=2)
    {
      printf("Arguments error!\n");
      exit(-1);
    }
    if((fp=fopen(argv[1],"r"))==NULL)        /*fp 指向 filename*/
    {
      printf("Can't open%s file!\n",argv[1]);
      exit(-1);
    }
    while(ch=fgetc(fp)!=EOF)                  /* 从 filename 中读字符 */
      putchar(ch);                            /* 向显示器中写字符 */
    fclose(fp);                               /* 关闭 filename*/
    return 0;
}
```

（1）源程序中存在什么样的逻辑错误（先观察执行结果）？对程序进行修改、调试，使之能够正确完成指定任务。

（2）将程序保存为 display.c，在"项目设置"→"调试"→"程序参数"中设置好参数（填入要显示的文件名，如 filename.txt），然后进行编译和调试。

（四）有 10 个学生，每个学生的数据包括学号、姓名、3 门课的成绩，从键盘输入 10 个学生的数据，要求打印出 3 门课的总、平均成绩，并计算出每个人的平均成绩，将原有数据和计算出的平均分数存放在磁盘文件 stu.txt 中。

五、实验注意事项

注意文件打开的不同方式。

六、思考题

（1）编程把 D：中一个文件移动到 D:\temp 目录下。

（2）编程把 D：中一个文件复制到 D:\temp 目录下。

（3）假设在 D:\temp 目录下有一个文本文件 score.txt，编程在其最后追加串 "I do nothing"，然后把文本文件的所有内容输出到显示器中。

（4）一个文本文件 C.txt 中存放了某班级的学生学号、姓名和三门课的成绩，每个学生的信息占一行，学号、姓名、成绩之间均用"/"隔开，试编程计算各学生的总分和平均分，并分别以文本文件和二进制文件存入另外的文件中（每个学生的信息占一行）。

（5）一个 $n \times n$ 的二维矩阵数据以文本方式存放在一个文本文件中，且文本文件的一行为矩阵的一行，数据之间用空格隔开。试读取该文件数据并找出矩阵中的最大值。

（6）定义一个结构体类型：

```
typedef struct list
{
    char name[12];
    double MathScore;
    double CScore;
    double totalScore;
}List;
```

从键盘中输入 5 个 List 类型变量的前三个成员变量值，再计算 totalScore 并对其赋值后，用随机存储方式把它们存放到二进制文件 score.bin 中。

（7）通信录管理系统：该系统通过文本菜单进行操作，功能包括：创建通信录、显示记录、查询记录、修改记录、添加记录、删除记录和记录排序等，各功能模块均采用独立的函数表示，通过主函数直接或者间接调用，特别注意的是，通信录数据采用结构体定义和管理，并可以直接从文件中读入数据或是将数据写入文件中，体会这样做的优越性。

（8）把班级学生的学号、姓名、出生年月日存放在一个 txt 文本文件中，每个学生占一行。现要求编程，功能是某天执行该程序，则显示第二天生日的学生名单。

设计的结构体如下：

```
struct birthday
{
    int year;
    int month;
    int day;
};
typedef struct student
{
    int ID;
    char name[20];
    struct birthday birthDay;
}Student;
```

获取计算机系统中的月和日的函数，需添加 #include<time.h> 头文件。

```
void month_day(int*month,int*day)  // 从计算机系统获取月和日的值
{
    time_t rawtime;
    struct tm *timeinfo;
    time(&rawtime);
    timeinfo=localtime(&rawtime);
    *month=timeinfo->tm_mon+1;       // 注意加 1。timeinfo->tm_mon 返回 0~11
    *day=timeinfo->tm_mday;
}
```

常见错误提示信息的英汉对照

- Ambiguous operators need parentheses　不明确的运算需要用括号括起
- Ambiguous symbol 'xxx'　不明确的符号
- Argument list syntax error　参数表语法错误
- Array bounds missing　丢失数组界限符
- Array size too large　数组尺寸太大
- Bad character in paramenters　参数中有不适当的字符
- Bad file name format in include directive　包含命令中文件名格式不正确
- Bad ifdef directive syntax　编译预处理 ifdef 有语法错误
- Bad undef directive syntax　编译预处理 undef 有语法错误
- Bit field too large　位字段太长
- Call of non-function　调用未定义的函数
- Call to function with no prototype　调用函数时没有函数的说明
- Cannot modify a const object　不允许修改常量对象
- Case outside of switch　漏掉了 case 语句
- Case syntax error　Case 语法错误
- Code has no effect　代码无效，不可能执行到
- Compound statement missing{　分程序漏掉 {
- Conflicting type modifiers　不明确的类型说明符
- Constant expression required　要求常量表达式
- Constant out of range in comparison　在比较中常量超出范围
- Conversion may lose significant digits　转换时会丢失意义的数字
- Conversion of near pointer not allowed　不允许转换近指针
- Could not find file 'xxx'　找不到 XXX 文件

- Declaration missing ；　说明缺少 ";"

- Declaration syntax error　说明中出现语法错误

- Default outside of switch Default　出现在 switch 语句之外

- Define directive needs an identifier　定义编译预处理需要标识符

- Division by zero　用零作除数

- Do statement must have while Do-while　语句中缺少 while 部分

- Enum syntax error　枚举类型语法错误

- Enumeration constant syntax error　枚举常数语法错误

- Error directive :xxx　错误的编译预处理命令

- Error writing output file　写输出文件错误

- Expression syntax error　表达式语法错误

- Extra parameter in call　调用时出现多余错误

- File name too long　文件名太长

- Function call missing)　函数调用缺少右括号

- Fuction definition out of place　函数定义位置错误

- Fuction should return a value　函数必需返回一个值

- Goto statement missing label Goto　语句没有标号

- Hexadecimal or octal constant too large　十六进制或八进制常数太大

- Illegal character 'x'　非法字符 x

- Illegal initialization　非法的初始化

- Illegal octal digit　非法的八进制数字

- Illegal pointer subtraction　非法的指针相减

- Illegal structure operation　非法的结构体操作

- Illegal use of floating point　非法的浮点运算

- Illegal use of pointer　指针使用非法

- Improper use of a typedef symbol　类型定义符号使用不恰当

- In-line assembly not allowed　不允许使用行间汇编

- Incompatible storage class　存储类别不相容

- Incompatible type conversion　不相容的类型转换

- Incorrect number format　错误的数据格式

- Incorrect use of default Default　使用不当

- Invalid indirection　无效的间接运算

- Invalid pointer addition　指针相加无效

- Irreducible expression tree　无法执行的表达式运算

- Lvalue required　需要逻辑值 0 或非 0 值

- Macro argument syntax error　宏参数语法错误

- Macro expansion too long　宏的扩展以后太长

- Mismatched number of parameters in definition　定义中参数个数不匹配

- Misplaced break　此处不应出现 break 语句

- Misplaced continue　此处不应出现 continue 语句

- Misplaced decimal point　此处不应出现小数点

- Misplaced elif directive　不应编译预处理

- elif Misplaced else　此处不应出现 else

- Misplaced else directive　此处不应出现编译预处理 else

- Misplaced endif directive　此处不应出现编译预处理 endif

- Must be addressable　必须是可以编址的

- Must take address of memory location　必须存储定位的地址

- No declaration for function 'xxx'　没有函数 xxx 的说明 No stack 缺少堆栈

- No type information　没有类型信息

- Non-portable pointer assignment　不可移动的指针（地址常数）赋值

- Non-portable pointer comparison　不可移动的指针（地址常数）比较

- Non-portable pointer conversion　不可移动的指针（地址常数）转换

- Not a valid expression format type　不合法的表达式格式

- Not an allowed type　不允许使用的类型

- Numeric constant too large　数值常量太大

- Out of memory　内存不够用

- Parameter 'xxx' is never used　参数 xxx 没有用到

- Pointer required on left side of ->　符号 -> 的左边必须是指针

- Possible use of 'xxx' before definition　在定义之前就使用了 xxx（警告）

- Possibly incorrect assignment　赋值可能不正确

- Redeclaration of 'xxx'　重复定义了 xxx

- Redefinition of 'xxx' is not identical　xxx 的两次定义不一致

- Register allocation failure　寄存器定址失败

- Repeat count needs an lvalue　重复计数需要逻辑值

- Size of structure or array not known　结构体或数组大小不确定

- Statement missing；　语句后缺少 ";"

- Structure or union syntax error　结构体或联合体语法错误

- Structure size too large　结构体尺寸太大

- Sub scripting missing]　下标缺少右方括号

- Superfluous & with function or array　函数或数组中有多余的 "&"

- Suspicious pointer conversion　可疑的指针转换

- Symbol limit exceeded　符号超限

- Too few parameters in call　函数调用时的实参少于函数的参数

- Too many default cases Default　case 太多（switch 语句仅一个，通常为 switch 后少行）

- Too many error or warning messages　错误或警告信息太多

- Too many type in declaration　说明中类型太多

- Too much auto memory in function　函数用到的局部存储太多

- Too much global data defined in file　文件中全局数据太多

- Two consecutive dots　两个连续的句点

- Type mismatch in parameter xxx　参数 xxx 类型不匹配

- Type mismatch in redeclaration of 'xxx'　xxx 重定义的类型不匹配

- Unable to create output file 'xxx'　无法建立输出文件 xxx

- Unable to open include file 'xxx'　无法打开被包含的文件 xxx

- Unable to open input file 'xxx'　无法打开输入文件 xxx

- Undefined label 'xxx'　没有定义的标号 xxx

- Undefined structure 'xxx'　没有定义的结构 xx

- Undefined symbol 'xxx'　没有定义的符号 xxx

- Unexpected end of file in comment started on line xxx　从 xxx 行开始的注解
  尚未结束文件不能结束

- Unexpected end of file in conditional started on line xxx　从 xxx 开始的条件
  语句尚未结束文件不能结束

- Unknown assemble instruction　未知的汇编结构

- Unknown option　未知的操作

- Unknown preprocessor directive: 'xxx'　不认识的预处理命令 xxx

- Unreachable code　无路可达的代码

- Unterminated string or character constant　字符串缺少引号

- User break　用户强行中断了程序

- Void functions may not return a value　Void 类型的函数不应有返回值

- Wrong number of arguments　调用函数的参数数目错

- 'xxx' not an argument :xxx　不是参数

- 'xxx' not part of structure xxx　不是结构体的一部分

- xxx statement missing (xxx　语句缺少左括号

- xxx statement missing) xxx　语句缺少右括号

- xxx statement missing ; xxx　缺少分号

- 'xxx' declared but never used　说明了 xxx 但没有使用

- 'xxx' is assigned a value which is never used　给 xxx 赋了值但未使用过